人居环境设计导论

潘振皓　刘　媛　黄思成◎编著

高等艺术院校设计学科艺工融合改革系列教材

ENVIRONMENT

中国建筑工业出版社

图书在版编目（CIP）数据

人居环境设计导论 / 潘振皓，刘媛，黄思成编著.
— 北京：中国建筑工业出版社，2023.12
高等艺术院校设计学科艺工融合改革系列教材
ISBN 978-7-112-29488-6

Ⅰ. ①人⋯ Ⅱ. ①潘⋯ ②刘⋯ ③黄⋯ Ⅲ. ①居住环境—环境设计—高等学校—教材 Ⅳ. ①TU-856

中国国家版本馆CIP数据核字（2023）第248551号

本书以人居环境科学为指导，介绍人居环境设计的范畴与内容。通过对人居环境设计的相关原理进行阐述，涉及行为、心理、文化、感受等，介绍了生态人居环境营造相关的环境、生态、资源等本底影响因素，并从人居环境的规划、建筑、风景园林等几个板块，对人居环境设计的原则、方法、要点等进行具体阐述。结合地区实际，针对地域建筑、民族文化、生态环境等进行重点阐述，突出体现了人居环境设计的地域性特质。本书适用于人居环境建设相关专业学生及研究者，如城市设计、风景园林、建筑学、城乡规划、环境设计、艺术与科技专业等相关人员阅读参考。

本书附赠配套课件，如有需求，请发送邮件至CABPdesignbook@126.com获取，并注明所要文件的书名。

责任编辑：张　华　唐　旭
书籍设计：锋尚设计
责任校对：王　烨

高等艺术院校设计学科艺工融合改革系列教材
人居环境设计导论
潘振皓　刘　媛　黄思成　编著
*
中国建筑工业出版社出版、发行（北京海淀三里河路9号）
各地新华书店、建筑书店经销
北京锋尚制版有限公司制版
北京中科印刷有限公司印刷
*
开本：880毫米×1230毫米　1/16　印张：8　字数：179千字
2023年12月第一版　2023年12月第一次印刷
定价：**36.00**元（赠课件）
ISBN 978-7-112-29488-6
（42204）

高等艺术院校设计学科艺工融合改革系列教材

编委会

前言

党的二十大报告指出，要“推动绿色发展，促进人与自然和谐共生……把我国建成富强民主文明和谐美丽的社会主义现代化强国。”时下，中国特色社会主义建设进入新时代，要着力解决人民日益增长的美好生活需要和不平衡不充分的发展之间的矛盾，要营造美好可持续发展的人居环境，实现绿色低碳高质量发展和建设美丽中国，需要在相关专业人才培养方面，坚持“艺工融合”，面向整体人居环境提升，着眼产业发展前沿动态，立足多专业交叉与协同需要，构建人居环境建设的共识性基础。

人居环境设计是探索研究人类因各种生存活动需求而构筑空间、场所、领域的学问，是一门综合性的，将以人为中心的人居活动与以生存环境为中心的生物圈相联系，加以研究的科学、艺术和工程。与该领域相关的环境设计、风景园林、艺术与科技、城市设计、建筑学、城乡规划等专业，均以营造美好人居环境为追求。编制一部针对上述专业使用的通识基础教材，对人才宽口径培养、“通专结合”教育、普及生态文明理念等，具有长远的现实意义。

本教材立足于西南陆海新通道，以城、乡、野为基本划分依据，为人居环境的设计提供了初步的学习引导，关注“人”与“建成环境”，与人尺度紧密联系的“微环境”“微气候”等专业的核心问题，重点关注地域人居特色，以期推动人居环境的高质量的发展、服务以及融入新的发展格局，推动绿色发展实现更大的进展。主要体现在：

（1）重点阐述多民族和谐共居所形成的多样的文化价值与城市功能的有机共生经验，融入人居环境设计新要求等时代特征。

（2）针对城市更新、乡村振兴等人居环境的重大需求，结合人居环境设计实例，对历史街区改造、建筑设计、乡土景观、生态农业与旅游环境建设等现实问题进行阐述，并融入前沿设计方法，为学生的后续自主学习、拓展视野奠定了基础。

（3）突出沿海、沿边地缘特色，回应西南陆海新通道、海上丝绸之路、中国—东盟主要口岸等具有时代性的地缘禀赋对人居环境设计提出的新要求。

（4）在普适的气候适应性设计基础上，专门针对亚热带地区湿热气候中建筑设计与风景园林小气候营造方法进行阐述，为中国—东盟的人居环境设计技术交流奠定了基础。

本教材以人居环境科学为指导，介绍人居环境设计的范畴与内容，通过对人居环境设计的相关原理进行阐述，涉及行为、心理、文化、感受等，介绍了生态人居环境营造相关的环境、生态、资源等本底影响因素，并从人居环境的规划、建筑、风景园林等几个板块，对人居环境设计的原则、方法、要点等进行具体阐述。结合地区实际，针对地域建筑、民族文化、生态环境等进行重点阐述，突出体现了人居环境设计的地域性特质。

本教材的目的是为人居环境的设计提供初步学习引导，介绍相关专业及其基础知识。引导学生从人的基本需求出发，关注城、乡、野不同尺度的人居环境，考察建成环境如何服务于人，以及如何营造、利用与人尺度紧密联系的“微环境”“微气候”。

本教材为广西普通本科高校示范性现代产业学院“广西艺术学院智慧·人居环境产业学院”建设教材，主要编写人员为广西艺术学院建筑艺术学院教师潘振皓（第1章、第5章）、刘媛（第3章、第4章）和黄思成（第2章、第6章）。

编写组

2023年10月

目录

第1章 总论

ENVIRONMENT

“人居环境设计”主要研究在人居环境中开展设计活动的具体方法。其理论基础是人居环境科学，是“人居”和“生态环境科学”两个领域的交叉学科。

1.1 体形环境论

梁思成在1949年提出“体形环境论”，其内容主要认为：建筑的基本目的就是在为人类建立居住或工作时提供适于身心双方面的“体形环境”。体形环境不仅限于房屋，小到家具用品，大到城市间的关系，人类一切生存环境都属于体形环境计划的对象。

对体形环境的规划要遵循“适用、坚固、美观”三原则。适用是社会问题，指功能与空间的规划要适合生活和工作方式，符合社会的需求，这与提高工作或生活的效率、增加居住者和工作者的身心健康，有着密切的关系。坚固是工程问题，指在适用的基础上，要选择经济的实现方式，包括材料、结构体系、设施、建造与运营方式等。美观是艺术问题，指在适用和坚固的基础上，必须使其尽量引发居住者和工作者的愉快之感，以提高他们精神方面的健康。

1.2 山水城市

钱学森于1990年提出“山水城市”发展模式。中国的山水诗词、古典园林建筑和山水画等几大要素的相互融合，是山水城市的内涵。山水城市，即把整个城市建成一座超大型的园林，把中国古代园林精华应用于当代中国的城市建设实践之中；把中国文化和外国文化有机结合在一起，把城市园林与城市森林有机结合在一起；最终构建有利于人的身心，有利于自然生态，有利于社会、经济、科技文化可持续发展的人类城市，克服“千城一面”、建筑千篇一律、全球化趋同等问题，使人与自然、城市、乡村、建筑之间能够和谐共生。

1.3 人居环境科学

第二次世界大战后，希腊学者C. A. 道萨迪亚斯（C. A. Doxiadis）提出了“人居学”（Ekistics）概念（以下简称道氏理论）。其着眼于整个人类的聚集和居住环境，考虑的是尺度跨度巨大、层次复杂多样的人居问题。1993年吴良镛院士在道氏理论的基础上，结合中国的实际问题及“广义建筑学”理论，提出了“人居环境科学”理论。目的在于解决自1951年起，国家重点工业、城市建设、城市与村镇发展中，建筑、城市规划、市政工程学、地理学、园林学、环境保护、社会学、管理学等专业缺少对人居环境科学的基本共识与沟通的问题。

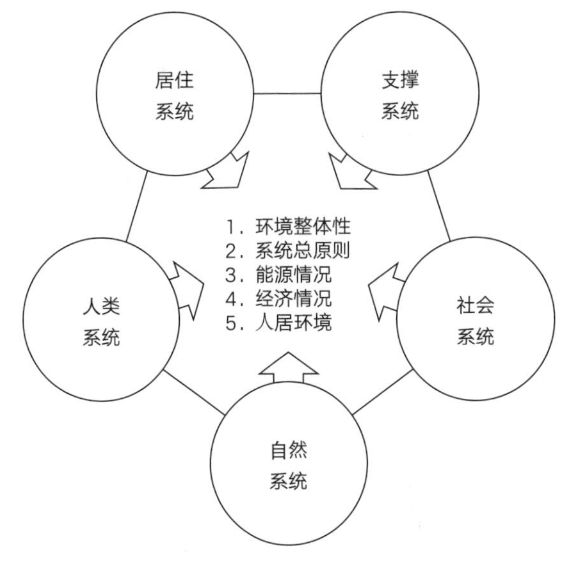

图1-3-1 人居环境系统模型

“人居环境科学”是探索研究人类因各种生存活动需求而构筑的空间、场所、领域的学问，是一门综合性的，将以人为中心的人居活动与以生存环境为中心的生物圈相联系，加以研究的科学、艺术和工程，是科学、艺术、工程、生态的多重结合。人居环境科学主要研究内容有：人居环境要素及其构成，人居环境感受、态度与行为，人居环境模式及其演变，人居环境模式的偏爱与评价，人居环境规划设计，人居环境维持与保护。与建筑规划界传统的理论方法和技术手段相比，人居环境科学研究具有以下几个特征：空间上的多层次融合性、时间上的长期连续性、思想理论上的综合性、方法手段上的系统性、操作执行上的数字定量性、人员组成上的多学科专业交叉渗透性。

2001年，吴良镛院士在《人居环境科学导论》中提出：以建筑、园林、城市规划为核心学科，把人居作为一个整体，从社会、经济、工程技术等多个方面，较为全面、系统、综合地加以研究，探讨人与环境之间的相互关系以及中国人居环境发展的道路，集中体现了整体、统筹的思想，初步建立了人居环境科学理论体系。具体包括：

人居环境包含五大系统：自然系统、人类系统、社会系统、居住系统、支撑系统。其中，自然系统和人类系统是构成人居环境主体的两个基本系统，居住系统和支撑系统则是组成满足人居要求的基础条件。一个良好的人居环境的取得，不能只着眼于它的建设，还要实现其完整性。既要面向“生物的人”，达到“生态环境的满足”；还要面向“社会的人”，达到“人文环境的满足”（图1-3-1）。

人居环境在规模和级别上的五大层次是：全球、国家和区域、城市、社区、建筑。

我国人居环境建设五大原则，分别是：正视生态困境，提高生态意识；人居环境建设与经济发展良性互动；发展科学技术，推动经济发展和社会繁荣；关怀广大人民群众，重视社会发展整体利益；科学的追求与艺术的创造相结合。

1.4 人居环境三元论

同济大学刘滨谊教授提出“人居环境三元论”。该理论以三元论哲学为基础，认为人居环境以自然界环境、农林环境和生活环境为主要分类，并将人居环境分为人居背景、人居活动和人居建设三要素。人居背景包括自然环境、农林环境、生活环境三类空间环境，以及各类环境中所具有的各类资源、生态循环等，它们维持着人类的基本生存，是人居环境存在的必要前提（图1-4-1）。

面对人类生存环境演化的大趋势，将人居环境进行横向和纵向分类。横向分为五类：河谷地区、水网地区、丘陵地区、平原地区、干旱地区，并按高密度、中密度和低密度分别研究。纵向分类将人居背景分为自然与人工环境、资源特征、视觉景观特征等；人居活动分为生存方式、习俗、文化、生活节奏、密度等；人居建设分为空间布局形态、密度等。

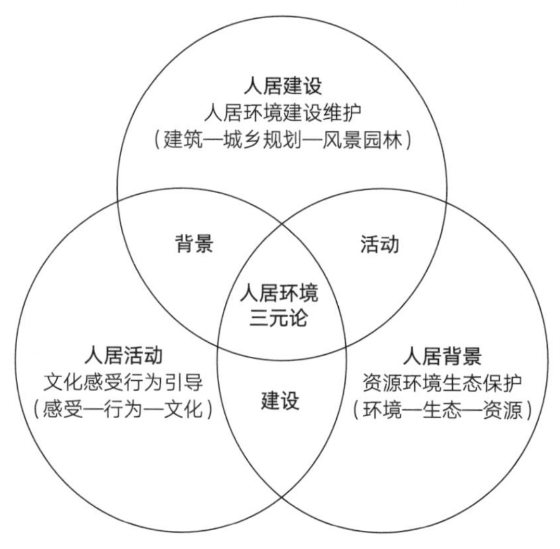

图1-4-1 人居环境三元论架构

1.5 人居环境美学

1.5.1 建筑美学

美学是哲学的一个分支学科，它主要研究人与世界间的审美关系，它的主要研究对象是审美活动。建筑美学是建筑学和美学交叉的学科，主要研究建筑领域里的美和审美问题。

宗白华提出“空间”是建筑品质最集中的体现——即建筑的首要品质。建筑一方面不能脱离实用，另一方面也体现着生命的活力、律动。建筑美的生命本体论观点归纳为三个方面：

（1）建筑（客体）与意匠及欣赏家（主体）的同构共鸣，是以往复流动的生命活力为根据。建筑形态体现山水的“线条姿势”。通过恰当地把握自然山水特有的色、线、结构、灵魂，在营造时因山就水，改变其形势，创造适合的建筑物，以人为的建筑显示出山水的精神灵魂。

（2）“化景为情，融情于景”。包括建筑在内的艺术，有形式、描象、启示三种价值，构成了“形”“景”“情”三层结构，其中“情”是最活跃的结构层次。如音乐是“时间中纯形式的艺术”，建筑是“空间中纯形式的艺术”。

（3）形式是艺术最基本的条件，其结构形成一种文化。不仅实现了“美”的价值，还深刻地表达了生命的情调与意味。

意境是中国古典诗学的核心范畴之一，指艺术作品中可感受、领悟、玩味，又不可言状的境界。最早见于唐代诗人王昌龄《诗格》中的“诗有三境：物境、情境、意境”。历史上的文人在策划、设计、建造、使用等环节参与到环境营造中，将诗情画意融入到对环境的认识、改造与畅想中，使“意境”成为我国传统建筑、园林环境中的重要美学要素，甚至可以说是最高的美学追求之一。

1.5.2 “空间”——构成建筑的首要品质

建筑是一种制造空间的艺术。它最初的目的是实用，在追求各种理想空间状态的过程中表现为各不相同的风格。空间最重要的价值是表达出生命的情调和意味。19世纪以前，欧洲尚未将“空间”作为建筑的一个基本要素来考虑。从19世纪开始，黑格尔、沃尔夫林等美学家才在现代意义上使用“空间”。20世纪，“空间”逐渐被视为构成建筑的首要品质。

宗白华认为：建筑是自由空间中隔出若干小空间而又联络若干小空间而形成的大空间之艺术。人离不开空间，每个空间都具有各自不同的特点，这些特点对人的“生命情绪”具有不同程度的影响。例如，立于高山之巅远眺和立于汪洋大海之滨望远，风景大不相同，也给人带来不同的心理感受。

1.5.3 园林美学

园林是在一定的地块上，以植物、山石、水体、建筑等为素材，遵循科学原理和美的规律，创造的可供人们游憩和赏玩的现实生活境域。园林美是自然美、社会美和艺术美相互融合而形成的一种特殊的美的形态。园林艺术是通过园林的物质实体反映生活美，表现审美意识的造型空间艺术，通常与书画、诗词、音乐等艺术门类相结合。园林艺术是一定的社会意识形态和审美理想在空间中的反映。它运用总体布局、空间组合、体形、比例、韵律、色彩、质感、因借等空间语言，营造出特定的艺术形象。

园林美学是应用美学理论，是研究园林艺术审美特征和审美规律的学科。它包含哲学、心理学、社会学等方面的内容。《后汉书 · 梁冀传》提到，园圃“采土筑石……深林绝涧，有若自然”，是我国园林崇尚自然美学方向的最早记载。《洛阳伽蓝记》记载，北魏张伦“造景阳山，有若自然。”至清代圆明园，以“天然图画”“自然如画”“天真以佳”等作为题名，显示了中国古典园林“虽由人作，宛自天开”的美学原则。

自魏晋南北朝以来，崇尚自然山水成为中国园林美学的普遍追求。文人直接参与造园，把造园艺术与诗画联系在了一起，如苏州拙政园中的“小沧浪水院”，由小沧浪、松风水阁、小飞虹、得真亭多种个园林建筑围合而成，不仅视觉层次丰富而清晰，更是通过建筑提名横额与楹联诗句点出其中“意境”，升华了游园体验。（图1-5-1）。在园林中，营造“诗情画意”成为主流。对“意

拙政园 | 小沧浪水院

偶旁沧浪构小亭，依然绿水绕虚楹。

畅园 | 玉延亭

春秋多佳日，山水有清音。

沧浪亭 | 沧浪亭

清风明月本无价，近水远山皆有情。

图1-5-1　园林建筑与诗词点景

境”的追求，将园林美学提升到了新的高度。中国园林的灿烂成就，影响并促进了18世纪中叶欧洲浪漫主义园林艺术的发展。欧洲正是自浪漫主义园林设计风格的开始，改变了对空间的观念。

1.5.4 城市美学

城市居住功能有三个层次：第一个层次是宜居，第二个层次是利居，第三个层次是乐居。宜居主要关乎人的生存，首先指环境的生态质量。生态关系人的健康，具体来说包括：空气是否清新，饮水是否清洁，气温是否宜人，是否有噪声，是否有严重危害人们健康的其他因素存在，卫生状况如何等（图1-5-2）。宜居是最基础的层面，关乎人们生存的层面，也是最低的层面。利居是生活与创业的便捷性，主要考虑的是发展，尤其是经济发展。城市居住功能的最高层次是乐居，首先是景观优美，包括自然景观和人文景观，即山水景观和建筑；其次是历史文化底蕴；最后是个性特色鲜明，包括文化个性和自然个性。

1898年，英国学者埃比尼泽·霍华德（Ebenezer Howard）提出了“花园城市”理论。花园城市就是要把城市生活的一切优点和农村的美丽、方便、福利统一起来、结合起来，使城市乡村化，乡村城市化。花园城市的构建应遵循：生态性、自然性、生活性、艺术性原则。生

图1-5-2 广西南宁市那考河流域治理项目
（来源：广西城乡规划设计院）

态性原则指把城市的生态放在区域生态背景中，甚至是整个地球的生态之中综合考虑；城市内部要考虑到自然生态系统和人文生态系统的平衡。自然性原则指尊重城市原有的地形地貌，在总体规划上充分尊重城市原有的地形地貌、格局，城市绿地系统规划以自然为城市的中心，尽量保持自然的原始野性。生活性原则指为市民提供生活的方便和生活的需要。艺术性原则是遵循美学规律，一方面考虑城市的“天生丽质”，另一方面要进行精心设计。例如，山水园林城市就是放大了的园林，是按照艺术的法则、美学的法则精心设计过的。

历史文化对城市美学也有着举足轻重的影响，是“城市文脉”的体现。综合来看，如国家现在的或者曾经的首都、那些发生过影响国家民族命运的重大事件的地点，或是在经济、文化、宗教、教育等方面曾经拥有重要地位的城市等，往往最容易成为历史文化名城。历史文化名城中那些保留得质量比较高的文化遗迹是宝贵的城市历史的文化实证，对于提升城市美学有着无可估量的价值。因此，对于城市现存的历史文化遗迹的保护，以及对城市历史文化的挖掘、研究等，都是构建城市美学的重要工作内容。

【思考题】

1．人居环境设计思想经历了哪些主要发展阶段？
2．城市与乡村的人居环境有何异同？
3．人居环境科学与美学之间是何种关系？

第2章 人居环境设计的相关原理

ENVIRONMENT

2.1 基本行为与基本需求

环境造就了人，同时人的独特性和差异性又带来了不同的需求，这也促使了空间环境的多样性。受外界刺激或由自身需要所产生的驱动，使人表现出了不同的行为方式，因此通过人的行为方式可以了解不同人的不同需求。

2.1.1 基本行为

1．感知

感知是感觉和知觉的统称。人的感知能力与人的行为和所处的环境有关，人受到不同的外界刺激因子会产生相应的反应，也会在感官系统的驱动下感知环境。

感觉是人认识环境的开始，由人的感官系统收集。人对环境的感知大多来自五官，包括视觉、听觉、嗅觉、触觉、味觉五感。感觉是大脑对直接作用于感觉器官的客观事物的个别特性产生的反应。通过感觉，我们能了解外部事物的基本属性，如形状、颜色、口味、材质等；也可以感受自身的情绪和心理状态，如愉悦、悲伤、愤怒等。感觉是采集数据的传感器，也是人自身与外界联系且做出判断的桥梁。

感觉是知觉的基础，知觉是各类感觉通过叠加、加工和处理形成的环境认知。知觉不仅以五感感知外界环境，还基于自身储存的根据以往经验和知识对环境进行的分析和判断，两者综合形成高于环境的认知。知觉是在知识经验的参与下完成，其中还包括个体的心理特征，如需要、兴趣、情绪状态等。

人在感知行为中，既对外部环境信息进行了接受，又启用了自我信息处理的经验。通过人的个体感受外界刺激因子的刺激，再根据个人经验进行分析，最终得出一个完整的环境感知。例如，我们能感知夏日的蝉鸣景观，其中蝉鸣作为一种听觉刺激，那么人的感觉就是听到鸣叫声，知觉则是进一步判断出这是蝉鸣而不是其他动物的鸣叫，这就是知觉在听到的声音基础上结合以往的生活经验，大脑能直接辨别出是哪种昆虫的叫声。

2．参与

在人居环境中，参与行为表现在人作为主体进入其所处环境中进行活动，并与环境相互影响、相互作用，达到人与环境的共同发展，实现人与环境的和谐相处。在人居环境规划设计与建设中均涉及公众社会的互动参与，如设计过程调查和走访、设计成果的公示等工作内容，接纳各类公众共同参与，接受公众意见、监督和评价。公众参与，从广义上讲，除了公民的政治参与之外，还包括所有关心公共利益、公共事务管理的人的参与，具有推动社会决策和活动实施的作用。随着社会改革开放进程的加快，人们生活水平的提高，对于人居环境质量的要求越来越高，对自身利益也越来越重视，从单一的物质与功能需求转变为复杂多样的功能与精神追求，社会参与意识也在不断增强，通过参与活动为自身寻找与创造理想的人居环境。

3．交往

交往是一种人们为了共同目的、共同活动的需要而建立和发展相互作用的复杂与多方面过程的行为，既可以发生在个体与个体之间、个体与群体之间，也可以发生在群体与群体之间，是人在社会环境中生存的基本条件与基本需要，不可或缺。在交往过程中，个体可组成一个和谐共处的整体，群体也可以在认知、情感和行为上彼此协调、相互统一，促进人与人之间关系的健康发展。扬 · 盖尔（Jan Gehl）在《交往与空间》一书中阐释了人类交往活动的性质和特点，其主张在物质空间环境设计中给予针对性设计，同时也提出了行为交往空间与环境之间的相互制约关系，可为人居环境设计提供具体的依据。

2.1.2　基本需求

人作为行为发生的主体，每个人都有自己的社会网络。由于人的需要和观点的差异，内在的需求也是不同的。从社会角度来看，人的工作属性、社会地位、受教育程度等各方面都不相同。随着初级的需求得到满足，精神追求也会相应产生，人处在不同的阶段，这些都会影响人本身的行为活动。亚伯拉罕 · 马斯洛（Abraham H. Maslow）把人的基本需求分为五个层次：生理需求、安全需求、社交需求、尊重需求和自我实现需求（图2-1-1）。

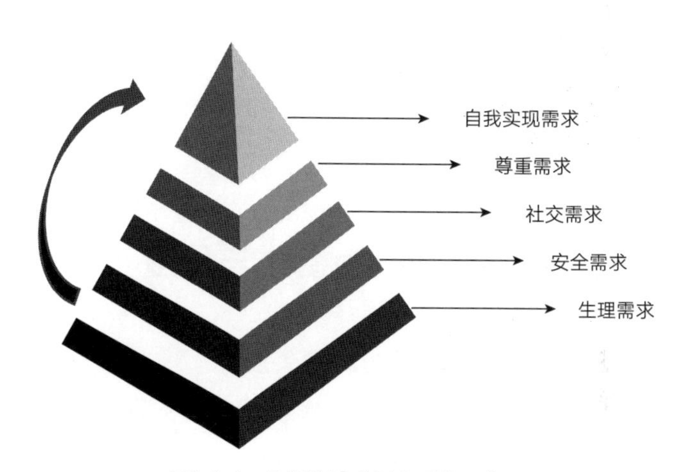

图2-1-1　马斯洛需求层次理论示意图

1．生理需求

生理需求是级别最低、最具优势的需求，是助推人们行为的首要动力，如食物、水、空气等。当生理需求无法满足时，人类个人的生理机能将无法正常运转。只有这些最基本的需求满足到维持生存所需的程度后，其他需求才能成为新的激励因素。

2．安全需求

安全需求属于较低级别的需求，包括对人身安全、生活稳定以及免遭痛苦、威胁或疾病困扰的需求等。人的整个有机体是一个追求安全的机制，感受器官、效应器官、智能和其他能量主要是寻求安全的工具，甚至可以把科学和人生观都看成满足安全需求的一部分。

3．社交需求

社交需求属于较高层次的需求，如对友谊、爱情以及隶属关系的需求。人人都希望得到相互的关心和照顾。感情上的需求比生理上的需求更为细致，它和一个人的生理特性、经历、教育、宗教信仰均有关联。

4．尊重需求

尊重需求属于较高层次的需求，如成就、名声、地位等。尊重需求既包括对成就或自我价值的自我肯定，也包括他人对自己的认可与尊重。尊重需求可分为内部尊重和外部尊重。内部尊重是指一个人希望在各种不同情境中有实力，能胜任、能独立自主，内部尊重即人的自尊。外部尊重是指一个人希望有地位、有威信，受到别人的尊重、信任和高度评价。亚伯拉罕・马斯洛认为，尊重需要得到满足，能使人拥有自信，对社会充满热情，使人可以感受到自身的个人价值与社会价值。

5．自我实现需求

自我实现需求是最高层次的需求，包括针对真善美、至高人生境界获得的需求。因此，在前面四项需求都能满足的前提下，最高层次的需求方能相继产生，是一种衍生性需求，如自我实现、发挥潜能等。亚伯拉罕・马斯洛指出，为满足自我实现需求所采取的途径是因人而异的。自我实现需求是在努力实现自己的潜力，使自己成长为自己所期望的人。

2.2 空间行为模式与尺度

2.2.1 外部空间活动类型

生理和心理双重因素共同影响着人的行为活动，在环境空间中呈现不同的状态和特征。扬・盖尔在《交往与空间》中提到，人的户外活动分为必要性活动、自发性活动和社会性活动。

1．必要性活动

人们不得不做的日常工作和生活事务，与外在环境条件无关，如上班、上学、购物等，对空间影响较弱。

2．自发性活动

在时间、天气环境允许，且空间环境适宜有利的条件下，人们自愿发生的行为活动，如散步、郊游、钓鱼等，对空间影响较强。

3．社会性活动

在公共场所，依赖于公共空间中他人参与的活动，受他人和场地因素限制。社会性活动是在必要性活动和自发性活动基础上发生的，如与人问候交谈、儿童游戏，甚至被动观察他人的行为等，对空间影响很强。

2.2.2 行为感知方式

1．向前与水平方向为主的知觉器官

人类在移动活动中最自然的方式是沿水平方向行走，感官也与此方式相适应，基本方向也是面向前方。例如，人在活动中视觉的主要控制方向为水平方向。相关研究表明，人在直视前方时，视野范围为左右两边各90°水平范围内的动静，而垂直视野则要窄很多。因此，人在前进过程中，周围建筑的底层、街道路面和场所中发生的活动最能引起人的视线的关注。再如，超市中市场推销的商品一般都会摆放在眼睛水平高度的展示架上，而经常会被购买的商品则被摆放在了视线以下或以上的位置，这也是利用了视觉方向以水平方向为主的这一原理。

2．空间型感受器官与直接型感受器官

人类学家爱德华・霍尔（Edward Twitchell Hall Jr.）在《隐秘的维度》一书中分析了人类最重要的器官，及其与人类互动和体验外部世界的功能。他将人类的感觉器官分为两类：一是距离性感觉器官，即眼睛、耳朵、鼻子；二是直接型感觉器官，包括皮肤、肌肉、薄膜等。各类器官的分工和功能各有不同，距离型器官因具有可全方位、多角度地感受人居环境与空间的优势，这类器官对人居活动与人居环境的规划设计尤为重要。

1）视觉

视觉相较于其他感觉方式，具有更为广泛的机能范围。相关研究表明，通过视觉方式接受的外界信息占人类通过各类感觉方式接受的外界信息总和的70%左右。

同样，视觉也会有明显的界限。在距离目标物500～1000米的范围内，人仅能根据周围环境如光线、背景元素等，判断所看到的对象属性。当距离缩短至110米的范围内时，可辨识出所看到的对象的体态和外形，这个范围也叫社交的视域。在距离对象70～100米的范围内，若看到的对象为人，则可辨识人的性别、大概的年龄范围等；若看到的是群体活动，则能看清活动方式和开展情况。例如，一般运动的比赛场地或场馆的座位，距离比赛场中央的最远范围为70米，这是能看清比赛赛况的最远距离。当距离缩至20～30米的范围内时，可看清对象的具体特征，特别是在距离20～25米的范围内，大多数人可辨认和感受到对象的面部表情和心情。随着视觉的距离越来越近，所捕捉到的信息量也将不断增加，同时其他感官也能参与其中，辅助捕捉更多的信息。在距离1～3米的范围内，便可开展人际交流等面对面的交谈活动（图2-2-1）。

图2-2-1　不同距离视觉感受

2）听觉

听觉的机能范围较大。一般距离在7米以内，人的听觉是十分灵敏的，而当距离大于7米时，很难完成正常的沟通对话。当距离在25米的范围时，能够以演讲或问答模式进行交流，但若想有进一步更精确的交谈，是无法完成的。当距离超出25米的范围时，想听见对方的声音，其可能性便大幅锐减，只能听到有喊叫的声音，却无法清楚地听见其喊话的具体内容。当距离大于或等于1千米时，人们仅能听到高分贝的轰鸣声，如飞机发动机般的声音。

3）嗅觉

人的嗅觉的机能范围相较视觉和听觉十分有限。一般的气味，如他人的皮肤、衣服或邻近的植物、动物本体等所散发出来的较淡的气味，仅能在1米的范围内嗅到。而一些较强的气味，例如香水、植物散发出的较浓郁的气味等，可在2～3米的范围内被人们所嗅到。当距离大于3米时，则需要更重、更强的气味，方可被嗅到。

2.2.3 行为距离

1．社交网络的距离

人类学家爱德华·霍尔通过长期对中产阶级人群的观察，提出了个人距离的概念，并提出了四种典型的社会交往距离，是动态的连续变量中相对固定的部分，即亲密距离、个人距离、社交距离和公共距离（图2-2-2）。

1）亲密距离

亲密距离的范围在0.45米（1.5英尺）之内，是人际交往中的最小距离，甚至可以达到“亲密无间”的零距离，一般存在于亲人、熟悉的朋友、情侣等之间。

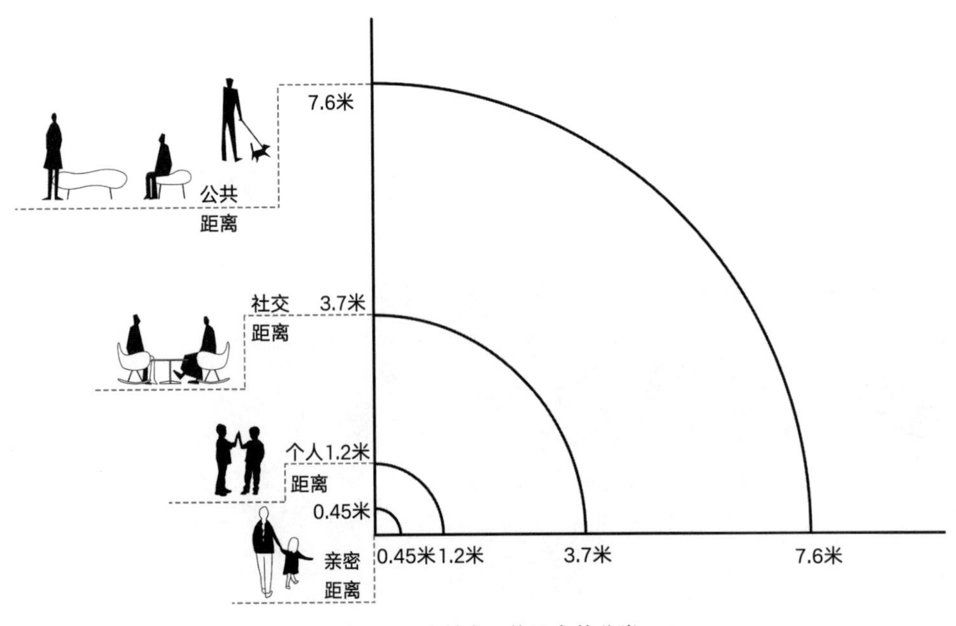

图2-2-2 人社交网络距离的分类

2）个人距离

个人距离的范围在0.45～1.2米（1.5～4英尺），一般用于关系较为熟悉的人，如一起生活在同一人居环境中的家人、朋友等。

3）社交距离

社交距离的范围在1.2～3.7米（4～12英尺），适合一般聚集场合中的交流谈话，是群体之间有可能产生相互影响的距离。

4）公共距离

公共距离的范围在3.7～7.6米（12～25英尺）或7.6米以上的距离。在环境中，一般适用于歌唱者与听众或锻炼、散步的人群之间。

5）隔绝距离

隔绝距离一般大于30米。

2．小尺度与大尺度

人们可以通过感知到的或大或小的尺度或不同比例，在空间中印下各类情感标记。根据参照的客体不同，空间的尺度可分为两类，一是与空间背景尺寸有关的空间尺寸，二是与观察者有关的空间尺寸。

在尺度适宜的城市空间中，狭窄的街巷、建筑围合的小活动空间，人们在空间中穿行，在生活中能够近距离地感受建筑、构筑物、植物的细部，以及环境氛围所带给人们的那种亲切、有温度、有情感交流的体验。而在尺度较大的城市空间中，如宽阔而快速的城市干道、高耸的建筑物、敞开的大广场等，与相对较小空间带来的温暖相比，人感受到的大空间的氛围却是较为冷淡的、缺乏温度与互动的感情。

3．移动方式与尺度

不同的移动方式影响着我们所看到的事物、感受到的空间及行为活动。当快速移动的时候，若想看清物体和人，则需要将其所描述的或重点展示的物体信息放大，甚至夸张地展现出来，如路边或建筑外立面的标识和广告牌上的重要信息，必须确保它们是醒目的。而当需要进行社交活动或较为深入地参观、交流、访谈及关怀等活动时，应让人们的移动行为处于相对较慢或站立、坐着等相对静止的状态。只有这样缓慢，甚至是静止的状态，才能拥有接触和接收信息的机会，才能让人们能够沉浸式地体验与参与其中。

2.2.4 外部空间场所感受密度

1．个人空间

凯兹（Katz. P.）在心理学理论中提出了一个概念叫“个人空间”，他将其定义为社会交往中个人心理上所需要的最小的空间范围①。在社会交往中，除了最亲密的两性关系外，人与人之间总

---

① Katz. P. Animals and Men [M]. New York: Longmans, Green, 1937.

是保留一定的距离，通常有一个极限值。环境学家阿尔伯特J.拉特利奇（Albert J. Rutledge）根据人类学家艾伦·麦克法兰（Alan Macfarlane）的研究成果，得出一个结论，即个人心理上存在所谓的“个人空间气泡”，或缓冲空间。该气泡不可见，腰以上为圆柱形，自腰以下逐渐变细，呈圆锥形。这一气泡随人体而移动，根据所处环境的变化产生不同程度的胀缩。这是个人心理上所需的最小空间范围，当这一空间受到侵犯或干扰时，便会引起人的焦虑和不安。海达克（Hayduk L. A.）绘制了一张个人空间三维模型，清晰地表达了个人空间的立体形象（图2-2-3）。

2．领域性

领域性是指因某种需要占据场所中的空间活动的行为，人在环境中的任何行为活动均需要占据一定的空间，该空间称为领域。和个人空间相比，领域性与更高层次的需要相联系，与过往经历和文化背景相关。当某种行为活动占据了物质空间的形态，并在一定时间内控制了该空间，称为领域性行为。这类行为能够体现出拥有相同偏好的个人或群体的价值观，并让彼此产生认同感。例如，在城市广场、公园、公共建筑前的空地等公共场所，中老年人因常年在此进行广场舞活动，逐渐形成了自己的领域性，占据这个空间的行为就是领域性行为（图2-2-4）。

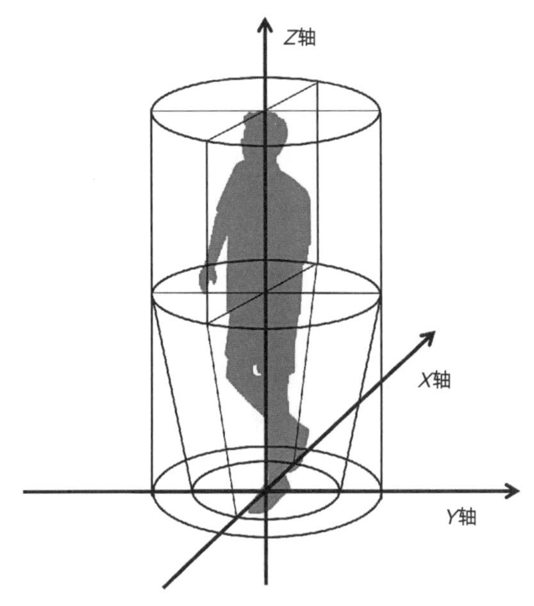

图2-2-3　个人空间三维模型

图2-2-4　公园晨练是占据公共空间的领域性行为

3．私密性

人有时需要独处的空间，在这样的空间中希望控制外界环境刺激因子，也希望不被其他人看见或感知。美国学者阿兰·威斯汀（Alan Westin）将这类控制意识或对自己所处环境或接近自己的群体选择性地控制定义为私密性，也称私密性控制。控制的是外界信息刺激的交流程度及方式，因此人是在主动和有意识的情况下产生出对私密性的需求。

在传统的居住空间中，通过院落的布局、空间和功能的组织，不断强化私密性的控制；在景观中，也常通过设计手段，如运用地形、植物、构筑物等设计要素，将空间的物质形态加以控制，以满足对于视觉、听觉不同的交流程度，从而满足不同人群对私密性的空间需求（图2-2-5）。

4．公共性

如果把私密性比作水池中的水泡，那么，整个水池中的水也就可以比作公共性。

图2-2-5　公园里运用植物与地形围合满足私密性空间需求

2.3 文化行为模式

2.3.1 人居文化的认知

1．人居文化的定义

人居文化包括人在人居环境中的活动方式，以及在活动中创造和运用的物质和精神财富。这也是人类与其他生物群体的区别。

2．人居文化的结构

人居文化有三个层面：人居文化的物质要素、人居文化的行为要素和人居文化的心理要素。人居文化的物质要素属于物质实体层面，也就是人居物质文化，例如人居生产、生活的用具及各类物质产品；人居文化的行为要素属于行为方式层面，也就是人居行为的文化，如人居行为规范、传统习俗、生活制度等；人居文化的心理要素属于精神观念层面，也就是人居精神文化，如思想观念、价值观、审美情趣、道德情操、宗教情绪及民族性格等。

按传统文化属性分，可分为人居物质文化和人居非物质文化。其中，人居文化的物质要素可称为人居物质文化；人居文化的行为要素和人居文化的心理要素，统称为人居非物质文化。

3．人居文化的特性

人居文化的特征表现为地域性、民族性、时代性、承袭性和变异性五个方面。从广义上看，人居环境从某种程度上或多或少均受到人行为与知觉的作用与影响，因此，一切人居环境都与文化相关。

2.3.2 人居文化的行为模式

1．生存方式

生存是生活的基础，而生存方式则是人居活动的基础，根据马斯洛需求层次理论对人基本需求的分类，为了满足各层次的需求形成了居住、生产与娱乐三种生存方式。

居住是为生存提供相对稳定的场所。生产的目的是满足人类自给自足模式下能够维持生命的养料，能提供能量的来源，以及能为人们日常生活提供经济性保障的各类活动。在居住与生产得到保障后，才有了更进一步的精神追求，通过游憩、旅游等娱乐方式满足高层次需求。《雅典宪章》中提出城市活动可以划分为居住、工作、游憩、交通四类，城市规划重点是满足四个主要功能，并都能有其最适宜的发展条件，交通实质上是联系这三类生存方式的纽带。在社会经济高速发展的背景下，首要任务是通过生产进行经济建设，保障稳定的生存条件和安全的居所环境。在此基础上，通过娱乐活动实现精神富足（表2-3-1）。

生存方式场所类型 表 2-3-1

生存方式	居住	生产	娱乐
场所类型	居住区、独栋住宅、村舍、实验性生态住区等	办公场所、工厂、耕地、园地、经济林地、牧场草场等	公园绿地、广场用地、风景游憩地等

2．精神要素

1）传统习俗

习俗是指具有相似人居活动的人群在社会生活中适应社会历史条件逐渐形成的，或从历史沿袭并传承下来的，具有稳定性的共同生活习惯、社会风俗和行为习俗。可以是官方的，也可以是民间的，根据所处的地域差别而有所不同。

2）文化

文化是指在一定物质资料生产方式的基础上发生和发展的社会精神生活方式的综合，包括精神生产能力和精神产品。同时，文化也是社会意识形态。人类在社会生活中，不断认识和改造自我，同时也在不断认识自然。在这个过程中，创造了大家共同认可和使用的体系，包括思维方式、价值理念、行为规范等。这一体系既是文化的凝结，被人们不断传承和传播，也是对历史、传统和习俗的进一步深入。例如，壮族青年男女通过赶歌与对歌、抛绣球等形式建立感情的婚俗文化；每年农历正月十一，广西宾阳会进行舞炮龙、禳灾祈福等传统民俗活动，均是精神文化的体现。

3）信仰

信仰是人们在社会生活中内心被某种主张、现象等所震撼，从而在意识中建立的长期的和必须加以捍卫的根本信念，是对人生观、价值观和世界观等的选择和持有，也是宗教、哲学、政治与科学等方面的思想寄托。

原始的信仰包括神话、图腾、巫术、禁忌等，远古时期的人居环境与景观发展多与这类信仰有关。在环境塑造中，会有意无意地将信仰融入其中，形成向精神寄主传递信念的媒介空间，以此表达对神灵的膜拜敬仰。如仡佬族将神鹰作为图腾供奉。每逢农历二月初一是仡佬族的拜鸟节，人们会到山林喂鸟，“以纪念和报答曾为他们部落消灭瘟疫的葫芦鹰”。这不仅是当地的一种民间信仰，也是该地区民族的一种原始生态文化，体现了仡佬族“天人合一”的自然观。在当今人文景观规划设计中同样需要尊重这类信仰，遵循当地人民的既有习惯，以及生态规律。

宗教信仰包含佛教、道教、基督教、伊斯兰教等，它们同样与人居环境的建设与发展密不可分。中国传统园林规划设计中强调的“源于自然、高于自然”是道教中“道法自然”思想的体现，在现代园林中常出现太极八卦广场，甚至在城市设计中也会运用八卦图案进行布局，这也是道教太极两仪阴阳调和的充分表达。在伊斯兰园林中，水景常以十字形水系布局等。

2.4 人居环境行为载体

对于规划设计专业人员，有三个术语：空间、场所、领域。人居环境感受载体的形式可以分解为这三类，有时是其中的一种类型，有时也可以是其中两种或三种类型的结合。

2.4.1 空间

空间在这里指的是狭义的、可明确感觉到被限定了的、规划设计中的空间。空间相比场所和领域，形成快，但却维持不长。

2.4.2 场所

场所的概念包含了场所的三个方面内容：场所空间的物质形式、地理位置和文化价值。基于被共鸣的场所的文化内涵，场所的物质形态和内在的心理表象形成了一个整体，构成了“心理一行为一环境”的系统结构基础。

1．场所行为

扬·盖尔在《交往与空间》一书中提出了场所中行为发生的正负效应。他提出，活动发展的“正效应”是指单一的或浅层次的活动形式在进行过程中能逐渐发展为多样化或高层次的形式，这也说明行为发展具有叠加性。如人们喜欢聚集在广场、公园入口、排长队的商店等这种人多的地方，这就是活动的正效应。

若场所中行为主体的物质形态与人的尺度之间差异过大，则会导致活动发生的社会密度偏小；或场所中各类活动过于分散，则均难以形成聚集度高、相互作用强的活动，不易被人察觉，这就属于活动的负效应。

2．场所精神

人与环境构成了基本的结构关系，场所因人而有了"精神"。场所精神是指在空间中融入了人的意义，并将这个意义传承下去。人们在空间中创造或延续情感、建立人与人、人与物、人与环境的联系，使空间成为场所，这也是场所精神的实质。场所的结构形式、大小可以变化，但场所的精神因为有了人的"精神"注入而得到了延续。

场所认同是对场所精神的适应，经过认同，个人的体验就成为场所精神的一部分。每个特定的环境外的人们通过场所认同，体验环境与人之间的相互联系、体验环境外部与内部的联系，体验不同场所精神的传承与延续。

2.4.3 领域

领域是人在行为活动中占据的空间，这类占据行为具有时效性。心理学家奥尔特曼（I. Altma）根据领域对个人或群体生活的私密性、重要性以及使用时间的长短将领域分为了三类，即主要领域、次要领域和公共领域。

主要领域是使用时间最长、控制感最强的场所，由自己的住所、所在的邻里单位和办公场所组成，与所属人及规模无关，如住宅、办公室等。具有使用时间较长、控制欲较强等特点，常被个人或群体独占和专用，受法律保护和社会公认。未经允许闯入这类场所将构成"领域侵犯"。

次要领域较之主要领域，前者不受使用者独占和专用，也不如主要领域重要，使用者对其的控制不如对主要领域程度强，如居住区绿地、校园、街巷等，属于半封闭、半公共性质。一些次要领域，被一些常客长期占用后也可能变成半私密的领域，如居住小区内空余或闲置地，常会被居民长期占用作为晾晒场或菜园使用（图2-4-1）。

图2-4-1　小区居民运用闲置地做菜园

只要符合社会规范，可供任何人暂时或短期使用的场所，均称之为公共领域，但该领域的使用不能违反相关规定，如运动场、公园、城市广场等。与主要领域和

图2-4-2 公园公共领域被乐器爱好者长期占用，转变成次要领域

次要领域不同，使用者不会对公共领域产生占有欲和控制欲，暂时离开后他人可继续使用。但若公共领域被同一人或同一群体有规律地频繁使用，最终可能会演变为次要领域。如打太极的爱好者、乐器爱好者，他们会定时占用公园入口的集散广场进行活动，这一公共领域将逐渐演变成次要领域（图2-4-2）。

【思考题】

1. 结合马斯洛需求层次理论，从人居环境角度试分析有哪些基本需求，可分为几个层次？
2. 如何理解空间、场所、领域三种载体的空间尺度和相互关系？
3. 试着总结家乡的文化行为模式。
4. 试着用图示语言表达外部场所不同感受下的空间。

第3章 生态人居环境

ENVIRONMENT

人类的居住环境处于生态环境基底的大背景中，生态环境为人居环境的发展创造了许多便利条件，但同时，也造成了生态系统的破坏与环境污染。道氏理论认为，人为空间只是构成整个地球生物圈的一小部分，它的生存必须依赖于生物圈和其他物理圈层，如水圈、岩石圈，同时也受其限制。为了解决全球生态平衡及环境问题，需要处理好聚居环境与生态环境的关系，在此之前必须研究生态环境的内容并掌握其自然发展规律，对于研究和解决当前众多人居环境问题有着重大的意义。本书将生态人居环境分为环境系统、生态系统和资源系统三个方面，进行分类阐述。

环境指人类生存、发展所处的自然环境。环境包括物质环境和社会环境。物质环境是指外界的自然状态，如气候、地形、水文、植被、土壤、大气、生物等；而社会环境则是指人与人之间的交往，如文化、道德、法律、思想信念、习俗等。环境系统是地球表面各种环境要素或环境结构及其相互关系的总和。其内在本质在于，各种环境要素之间的相互关系和相互作用的过程。

生态系统指在自然界一定的空间内，生物与环境构成的统一整体。其强调生物与环境之间相互影响、相互制约，并在一定时期内处于相对稳定的动态平衡状态。生态系统的组成包括非生物的物质和能量、生产者、消费者和分解者。

资源指能够用于生产或消费的物质性物品或能量，如矿产、农作物、动物、能源等。资源系统指在人类经济活动中，各种各样的资源之间结构复杂、相互联系、相互制约的关系总和。

环境系统和生态系统概念相似，但前者着眼于环境整体，突出人类在环境系统中的地位和作用；而后者侧重于生物彼此之间以及生物与环境之间的相互关系，强调人类同环境之间的相互关系。

环境系统与资源系统有相同之处，它们都是人类生存所必需的重要因素，是有限的。但是，环境对人类的发展不仅影响人们的生活质量，还影响人们的生产力水平；而资源则直接影响人们的生产力水平。此外，由于环境对人类发展有着重要影响，因此应该采取一些有效的保护措施来保护它，其关注的是人与自然之间的关系，即生态平衡；而资源则应该采取一些有效的开发利用方式加以充分利用，其关注的是人与物之间的关系。

3.1 按环境系统分类

3.1.1 物质环境

1．气候

气候是由太阳辐射（纬度位置）、大气环流、海陆位置、地形和洋流等影响因素相互作用所形成的，其中大气环流是影响气候的重要因素。气候因素又可细分为气压、气温、湿度、风向风速、降水、雷暴、雾、辐射、云量云状等，是人居环境规划设计、布局选点考虑的重要因素。

我国气候分为热带季风、亚热带季风、温带季风、温带大陆性、高原山地、热带雨林六种气候类型。如亚热带季风气候的特点是冬冷夏热，雨热同季，春秋宜人。因此，在人居环境的营造中，要注重夏天的炎热潮湿，冬天的寒冷。大尺度规划布局应注重夏季通风道和冬季寒风屏障的形成，排水应顺畅。一定的风载、雪载、雨载、冷热程度，对建筑物的基础结构、整体结构、形状及走向的设计有特定的要求，设计需依具体气候条件而定。中小尺度环境设计，除了要注意建筑上的隔热、通风、避雨和防潮以外，还要注意营造小气候环境，如缩小的建筑间距、天井院落、通风的窄巷、吊脚楼、大屋檐和结构开敞空间等。

户外环境的营造中，也需要考虑气候的光照强度和时长，进而选择种植喜阴或喜阳的植物；结合温度和湿度的要求，选择种植距离建筑适合的乔木或灌木等；结合降水情况考虑场地的排水等。因此，在人居环境的营造中我们应尽量利用自然的气候条件，发挥优势，甚至将劣势转化为优势。除此以外，我们仍需关注目前全球气候变化带来的影响，增强人居环境应对的韧性。

2．地形

地形是指地物形状和地貌的总称，具体指地表以上分布的固定物体所共同呈现出的高低起伏状态。按成因分，地形分为构造类型、侵蚀类型、堆积类型等。其中，侵蚀类型和堆积类型又可分为河流的、湖泊的、海洋的、冰川的、风成的等类型。按形态特征分，主要的地形类型分为平原、高原、山地、丘陵、盆地、冰川、海岸。此外，还有受外力作用而形成的河流、三角洲、瀑布、湖泊、沙漠等。其中，山地的主要特征是起伏大，峰谷明显，高程在500米以上，相对高程在100米以上，地表有不同程度的切割。根据高程、相对高程和切割程度的差异，山地又分为低山、中山、高山和极高山。丘陵是山地与平原之间的过渡类型，是切割破碎、构造线模糊、相对高程在100米以下、起伏缓和的地形。平原是指地面平坦或稍有起伏，但高差较小的地形。

地形对人居环境有着重要的影响，平坦且低海拔的平原利于发展农业、开发利用资源和进行城市建设。地形复杂且高差大的山地，不利于发展传统农业经济，对于聚落选址和结构形态也影响极大。如广西的壮族、瑶族或侗族等民族民居聚落之处，基本沿着山谷或半山腰呈线状或点状分布，或集中于山区某一平整处。以自然环境为背景，将建筑巧妙地融入环境，体现了“天人合一”的环境观。聚落布局应规避不同的地形，应注意避免潜在的地质灾害发生。

在山丘地区，中国传统民居建筑顺应地势，利用坡、沟、坎、台等微地貌构成灵活多变的外观形式，勾勒出层次丰富、参差变化的轮廓线。如广西的干栏式建筑，因为地形复杂，所以几乎没有任何两栋房屋的建筑形式是一模一样的。坡度大，用来支撑的楼柱则长，房屋下的空间就大；反之，楼柱则短，房屋下的空间就小。为了顺应地形，建筑展示的角度也多种多样，或正面示人，或山墙面示人，和谐统一又变化丰富。干栏式建筑形式变化无穷，不仅适合当地自然环境，在视觉效果上也增加了空间层次和上下之间的明暗、虚实对比。

3. 水文

水文指自然界中水的变化运动等各种现象，一般指研究水的形成、循环、时空分布化学和物理性质，以及水与环境的相互关系。水文要素包括各种水文变量和水文现象，降水、蒸发和径流是水文循环的基本要素。除此之外，还有水位、流量、含沙量、冰凌、水质等内容。水文为人类防治水旱灾害、合理开发和有效利用水资源、不断改善人类生存和发展的环境条件提供了科学依据。

无论生产或生活人都离不开水，除了建筑选址要靠近水源，还非常重视对水的利用。许多传统聚落都是在有河流穿过的坡地上形成，平原水乡地区则临河而居，甚至引水入聚落内部，构筑舒适、便捷的居住环境。河流不仅为聚落解决了生活和消防用水，还能适度调节小气候，为居民生产生活带来极大的便利，充分体现了人对大自然的向往与尊重。再如大禹治水，体现因势利导、科学治水、以人为本的理念，克服重重困难后取得了治水的成功。

4. 植被

植被，指地球表面某一地区所覆盖的植物群落。根据植物群落类型进行划分，可分为草甸植被、森林植被等。考虑陆地环境差异又可划分为植被型、植物群系和群丛等。此外，还可分为自然植被和人工植被。自然植被包括原生植被、次生植被等。人工植被包括农田、果园、草场、人造林和城市绿地等。植被与气候、土层、地形、动物界及水状况等自然环境要素密切相关。

植被对于人居环境的营造而言，有着生态作用、场所精神功能作用和经济作用。在生态方面，如调节温度、湿度、风向等小气候，吸收有害气体净化空气，降低噪声，防止水土流失，净化水质，防范台风、火灾等灾害的发生，保护生物多样性；在场所精神功能方面，绿色植被是最好的身心疗愈方式，是创造美好自然环境的景观要素之一；此外，良好的植被还可以获得经济效益，如林木或盆栽等。

5. 土壤

土壤是指地球表面的一层疏松的物质，由各种颗粒状矿物质、有机物质、水分、空气、微生物等组成，能生长植物。土壤由矿物质和腐殖质组成的固体土粒是组成土壤的主体，约占土壤体积的50%，固体颗粒间的孔隙由气体和水分占据。它们几种成分互相联系，互相制约，为作物提供必需的生活条件，是土壤肥力的物质基础。我国土壤类型分别有砖红壤、赤红壤、红黄壤、黄棕壤、棕壤、暗棕壤、寒棕壤、褐土、黑钙土、栗钙土、棕钙土、黑垆土、荒漠土、高山草甸和高山漠土。

土壤是生物的栖息地，含有大量的微生物，它决定了植物生态系统的本质，是满足人类衣食住行的基本条件。人居环境离不开土地，合理开发利用有利于未来的可持续发展。

6. 动物和微生物

动物一般以有机物为食，是能够自主运动或能够活动的有感觉的生物，主要分为无脊椎动物和脊椎动物两个种类。大多部分动物是消费者，它们依靠其他生命体（如植物）作为其食粮。但也有少部分动物，如蚯蚓属于分解者——以已经死亡的生物体（有机质）为粮食。动物有着各种各样的行为，这些行为可以看作动物对刺激的反应。微生物包括细菌、病毒、真菌以及一些小型的原生生物、显微藻类等在内的一大类生物群体，它个体微小，与人类关系密切。

动物是人居环境中很重要的角色，但我们在规划设计过程中往往只关注人类的需要，进而忽略了各种动物生存环境的营造，导致出现动物栖息地减少、食物匮乏、生态循环失衡、物种消失等困境（图3-1-1、图3-1-2）。

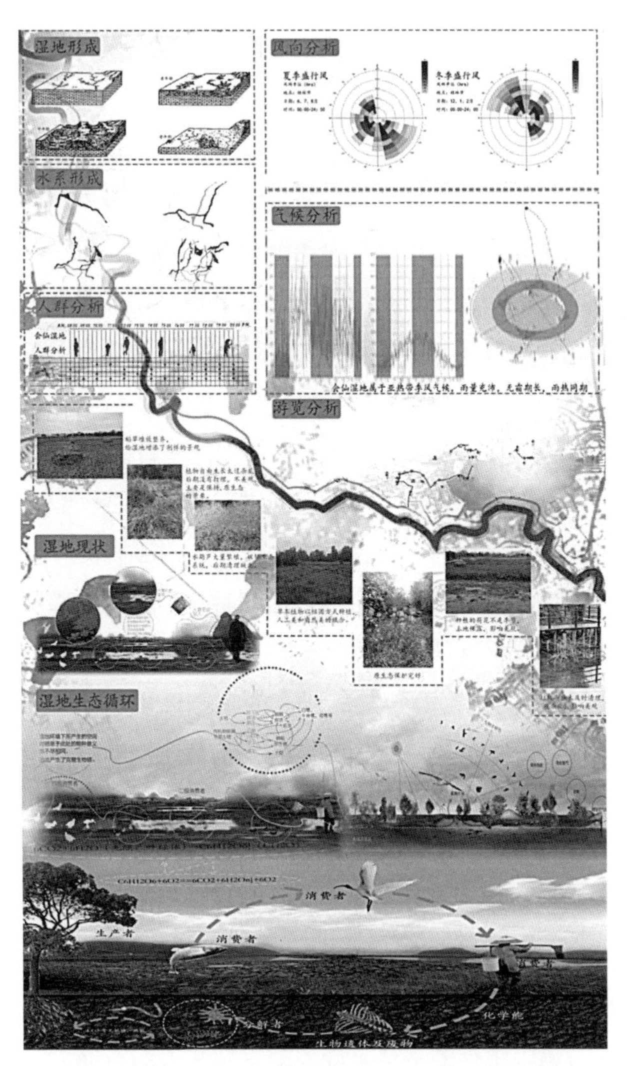

图3-1-1 广西桂林市会仙湿地公园物质环境分析图
（来源：柳亚欣、孙晓霞、秦绍祥、李旭、宋枝芝 绘制）

图3-1-2 广西桂林市八角寨丹霞地貌分析图
（来源：茅玥、马奥昕、刘书洋、林心如、刘恣秀 绘制）

3.1.2 社会环境

社会环境有狭义和广义之分，狭义的社会环境指组织生存和发展的具体环境，具体而言就是组织与各种公众的关系网络。广义的社会环境则包括社会政治环境、经济环境、文化环境和心理环境等范畴，它们与组织的发展息息相关。其中，文化环境包括文化、道德、法律、思想信念、习俗等。

3.2 按生态系统分类

依据道氏理论，为了建立全球生态平衡，按人类影响自然环境程度的大小，将环境分为自然区域、农耕区域、人类生活区域和工业区域四大类。而本书将人居环境分为自然生态系统、半自然生态系统和人工生态系统三类。次一级分类依据生态系统的环境性质和形态特征来划定，自然生态系统分为陆地生态系统、水域生态系统和湿地生态系统；半自然生态系统分为天然放牧草原、经营和管理的天然林；人工生态系统分为农田生态系统、人工林生态系统、城市生态系统和乡村生态系统。

不同的生态系统中，无机环境是一个生态系统的基础，其条件的好坏直接决定生态系统的复杂程度和其中生物群落的丰富程度。生物群落反作用于无机环境，生物群落在生态系统中既在适应环境，也在改变着周边环境的面貌。各种基础物质将生物群落与无机环境紧密联系在一起，而生物群落的初生演替甚至可以把一片荒凉的裸地变为水草丰美的绿洲。生态系统各个成分的紧密联系，这使得生态系统成为具有一定功能的有机整体。

3.2.1 自然生态系统

1. 陆地生态系统——森林、草原、荒漠

陆地生态系统，即以陆地土层或母质等为基质的生态系统，主要包括森林生态系统、草原生态系统、荒漠生态系统等。其中，森林生态系统是比较典型的类型。

森林生态系统主要指以乔木为建群种或优势种的生物群落与其所在的生态环境的相互作用，形成一个相对稳定的生态系统。其主要特点是动物种类繁多，群落的结构复杂，种群的密度和群落的结构能够长期处于稳定的状态。由于中国地域广阔，受不同气候如太阳辐射和降水影响，呈现多种类型，如热带雨林和热带季雨林、亚热带山地针叶林及山地针阔混交林、亚热带西部山地硬叶常绿阔叶林、亚热带常绿阔叶林、北亚热带常绿落叶阔叶混交林、暖温带落叶阔叶林、中温带针阔混交林、寒温带北方针叶林等。广西主要有热带雨林和热带季雨林、亚热带常绿阔叶林、北亚热带常绿落叶阔叶混交林、暖温带落叶阔叶林等。

森林生态系统孕育着丰富的动植物，是人类赖以生存的资料来源地。森林生态系统庞大的物质循环和能量流动，使其拥有极强的抵抗外界变化的能力。因此，它在维持人居环境生态系

图3-2-1　广西融安元宝山森林

统的稳定、改善生态环境方面起着重要作用，如调节气候、保持水土、维持生物多样性等功能。可见，2017年智利森林火灾和2020年澳大利亚森林火灾，对全球的气候变化和动植物种类的存活产生了极大的威胁（图3-2-1）。

2．水域生态系统——海洋、淡水

水域生态系统，是指在一定的空间和时间范围内，水域环境中栖息的各种生物和它们周围的自然环境共同构成的基本功能单位。按照水域环境的具体特征，水域生态系统可分为海洋生态系统和淡水生态系统。其中，海洋生态系统可分为潮间带生态系统、浅海生态系统、深海大洋生态系统。淡水生态系统又分为湖泊生态系统、池塘生态系统、河流生态系统等。

淡水生态系统是人居环境经常涉及的类型，只有了解、熟识该生态系统的自然发展规律，才能合理、有效地保护和利用它，达到“与自然和谐相处”的目的。淡水生态系统具备水密度大、浮力大、相对恒温的环境、分层的营养结构和光能利用率低等特点。在江河、水渠等流水生态系统中，急流的生产者以附石的藻类植物群为主，消费者大多是昆虫和体型较小的鱼类；缓流区营养物质丰富，生产者主要是浮游植物、岸边的高等植物或上游流下的叶片等，消费者有穴居昆虫和各种鱼类、虾、蟹、贝类等动物。在湖泊、池塘和水库等静水生态系统，生产者植物主要分布在浅水区和上层，动物依据食物的位置而活动在不同的深度区域。

水域生态系统内有着丰富的动植物资源，但是人们在开发场地的时候，往往会忽略掉这些因素，将污水排放进水系甚至将水系换成其他功能的空间。无论是水环境污染，还是功能置换，都会对当地生态环境产生影响，从而影响人类的生存发展（图3-2-2）。

图3-2-2 广西柳州大龙潭景区水系

3. 湿地生态系统

湿地生态系统介于陆地生态系统和水域生态系统之间。其生物群落由水生和陆生种类组成，物质循环、能量流动和物种迁移与演变活跃，具有较高的生态多样性、物种多样性和生物生产力。湿地覆盖地球表面仅有6%，却为地球上20%的已知物种提供了生存环境，具有不可替代的生态功能。由于湿地生态系统具备生物多样性、生态脆弱性、生产高效性、效益综合性和生态系统的易变性，被誉为地球之肾、物种储存库、气候调节器等（图3-2-3、图3-2-4）。

图3-2-3 杭州西溪湿地1

图3-2-4 杭州西溪湿地2

在人居环境规划中，充分发挥了湿地的特性，如海绵城市的理念盛行，其实就是充分考虑到河流或湿地的储存特性，为了避免发生城市内涝或洪涝灾害；在干旱季节，湿地可以对地下蓄水层的水源进行供水补给。同时，湿地环境的营造有利于调节当地的小气候，增加湿度或净化水体等。除了具备生态效益，湿地还能为人类提供休闲娱乐的景点。

3.2.2 半自然生态系统

1. 天然放牧草原生态系统

草原是地球生态系统的一种，分为热带草原、温带草原等多种类型。草原的形成是由于土层薄或降水量少时，草本植物所受的影响较小，而木本植物则无法广泛生长。天然放牧草原是草原中受人类和畜牧影响较大的一种类型，与人居环境息息相关。草原上动植物的数量及类型与其他生态系统相比，是比较丰富的。天然草原生态系统主要是针对生产者草本植物、消费者野生动物和分解者微生物进行的物质循环和能量流动。而放牧草原生态系统，家畜代替了原来的野生动物消费者，如果过度放牧，则会过度消耗牧草；若生长速度慢于消耗速度，再加上过度放牧进一步破坏土壤，慢慢地就会导致其板结，使得草原植物稀疏低矮、杂草丛生，最终导致草原沙漠化。

因此，为了兼顾天然草原的生态平衡和人工放牧的畜牧产业发展，需要在人居环境规划设计中进行不同时间和地点的适度保护和开发，同时控制养殖量的上限，保护草原生态系统丰富的生物资源，预防水土流失和实施防风固沙等重要措施。

2. 经营和管理天然林生态系统

森林分为天然林和人工林，天然林又可根据外界干扰程度分为原始林、过伐林、派生林和次生林。经营和管理天然林最主要是为了控制森林的形成、生长、组成和植被性质。人居环境规划设计中要掌握植物的生长习性、植物群落的形成规律和物理生物环境因素的影响作用，主要维持森林的生物多样性和稳定性，同时保证适度的木材生产，达到原始森林的水土保持和水土涵养的重要作用，兼具资源保护和发展要求。

3.2.3 人工生态系统

1. 农田生态系统

农田生态系统是指人类在以作物为中心的农田中，利用生物和非生物环境之间以及生物种群之间的相互关系，通过合理的生态结构和高效的生态机能，进行能量转化和物质循环，并按人类社会需要进行物质生产的综合体。它是农业生态系统中的一个主要亚系统，是一种被人类驯化了的生态系统。农田生态系统不仅受自然规律的制约，还受人类活动的影响；不仅受自然生态规律的支配，还受社会经济规律的支配。

农田生态系统比较接近人居环境的居住地，也要形成多层次物质循环和能量流动的生态空间网络，在垂直方向上结合养殖业或渔业进行种养复合系统，在水平方向上注重农田斑块、廊

图3-2-5　广西桂林会仙湿地

道和基质的治理，构建农田景观生态格局。同时，还要发挥农田生态系统的优美景观效益，结合旅游业对作物种植进行差异化处理和可持续性的景观艺术空间营造。因此，要充分了解该生态系统的基本规律，解决目前人居环境中该系统的水土流失、环境污染、新能源开发等问题（图3-2-5）。

2. 人工林生态系统

人工林生态系统是按人类的需求建立起来，受人类活动强烈干预的森林生态系统。人工林生态功能相对单一，不像天然林的丰富性，往往以高效地供应木材和保护水源为主要功能，但不能随意破坏原始森林来建造人工林。为了营造丰富的人工林生态系统，可以加入适合生长习性的植物和动物，通过植物配置和满足生态生长的具体指标内容，最终实现生态修复和经济的可持续发展（图3-2-6）。

图3-2-6　广西南宁市那马镇子伟村速生桉林

3. 城市生态系统

城市生态系统是城市居民与其环境相互作用而形成的统一整体，也是人类对自然环境的适应、加工、改造而建设起来的特殊的人工生态系统。它由自然环境、社会经济和文化科学技术共同组成，城市的自然系统包括城市居民赖以生存的基本物质环境，如阳光、空气、淡水、土地、动物、植物、微生物等；经济系统包括生产、分配、流通和消费等各个环节；社会系统涉及城市居民社会、经济及文化活动的各个方面，主要表现为人与人之间、个人与集体之间以及集体与集体之间的各种关系。城市生态系统有着密集频繁的人流、物流、能量流、信息流和资金流，其能量来源是其他生态系统的人为输入，城市产生的废物也需要其他系统的分解，由此可见城市生态系统的抵抗力较差，对其他系统的依赖性极强。

重点研究生态环境和资源容量评价、人口构成、产业结构、功能布局，以及各种能量流动的顺畅性等。明确城市生态系统以人为主体的消费者，兼顾其他动物的生存发展；即使是人工驯化、改造的生物和非生物环境，也要尽可能地营造多样化的物质结构和循环方式；确保城市的人口流、物质流、能量流、信息流等顺利运转。为了营造可持续的人居环境，要尊重城市生态系统的规律，建设各要素互相联系的动态网络结构，实现生态文明城市（图3-2-7）。

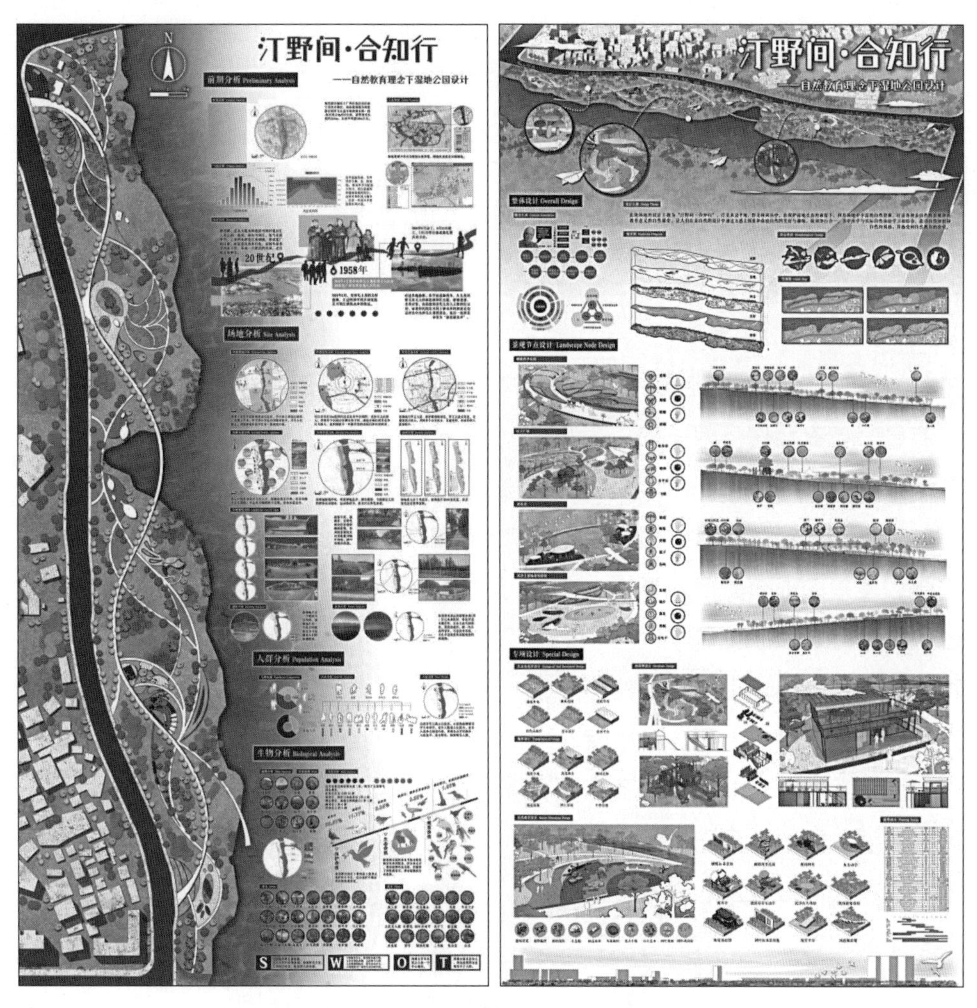

图3-2-7　广西南宁市相思湖湿地公园规划设计

（来源：原一楠 绘制）

4．乡村生态系统

乡村生态系统是研究乡村地区的生物和非生物的共同有机体，重点研究村落聚居地和乡村自然环境本底的物质和能量交换，是一个复合生态系统。乡村有森林、草原、河流等自然生态系统，农田、鱼塘、果园、林场、牧场等生产性生态系统和村庄聚落生态系统。乡村生态系统与城市生态系统不同，它被自然环境环抱，村落的生存环境与自然环境息息相关，具有较强的依赖性。我国地大物博，不同地区的乡村有不同的生态系统，根据乡村的自然气候条件，可分为山地型乡村、平原型乡村和河流型乡村，每种类型的生态系统侧重点不同，对村落的人居环境研究方向和内容也相应不同。

为了确保整体生态系统的平衡发展，需要保证各类绿色初级生产者的生存环境，如森林、农田、河流、牧场等，使其形成完整的生态循环。乡村生态系统需要保证生物多样性，不仅有绿色植被和人，还有家禽、家畜、昆虫、鸟类、蚂蚁等小动物和微生物。乡村各类生态系统主要是自然、半自然生态斑块，一方面是人、农作物、畜禽的家园和经济活动的场所，另一方面也是野生动植物的家园，乡村生态系统的丰富性和生动性远超城市。乡村是承载城市与自然保护地的过渡地带，甚至许多保护地带覆盖乡村地区，加之中国改革也始于农村，以致红色旅游业也主要在乡村，都增加了乡村生态景观的多样性。

同时，乡村生态系统又要满足乡村的生产力，倡导立体式种植、立体复合型养殖、立体复合型种养等循环式生态微系统，以及新兴的乡村康养或旅游业。自然生态环境因地理位置、气候、地形等自然条件要素，会呈现千变万化的大自然美景，使得镶嵌其中的农业景观也产生地域独特的农业生产溢出效应，产生“采菊东篱下，悠然见南山”“风吹草低见牛羊”等山水田园效果。

乡村的人文生态系统也别具一格，农业文明深深地影响了中国乡土，其中蕴含二十四节气、传统节日、与衣食住行相关的工艺等天时地利人和、天人合一的思想，影响着乡村生态价值内涵。如村落的选址和建造，顺应地形和原有的自然环境，巧妙地适应和利用自然。受儒学宗法思想、建筑布局与自然环境相互作用的影响，常以院落为中心构成单元，多组院落和天井虚实相间，有效地解决了日照、通风、保湿、隔热、反光、防火和防噪等问题。在人居环境规划设计中充分发挥了乡土文化性，建设宜居宜业、看得见水、望得见山、记得住乡愁的乡村（图3-2-8）。

图3-2-8　广西桂林市银杏海洋乡

3.3 按资源系统分类

3.3.1 国土

广义的国土包含国家领土范围内的自然资源、经济资源和社会资源。本书采用狭义的国土，指的是领土、领海和领空资源，包括土地、水、气候、生物和矿产资源等。其中，水、气候和生物在前文中有所阐述，这里重点阐述土地资源和矿产资源。

1．土地资源

土地资源指，已经被人类所利用和可预见的未来能被人类利用的土地。土地资源既包括自然范畴，即土地的自然属性；也包括经济范畴，即土地的社会属性，是人类的生产资料和劳动对象。

我国土地资源常用的分类方式是地形和土地利用，按地形分的土地资源可分为高原、山地、丘陵、平原、盆地等，依据不同的自然地形情况确定适宜发展的产业和与之相匹配的生活空间环境。按土地利用类型可分为耕地、林地、牧地、水域、城镇居民用地、交通用地、其他用地（渠道、工矿、盐场等）以及冰川和永久积雪、石山、高寒荒漠、戈壁沙漠等。再对城镇居民用地进行细分，依据《城市用地分类与规划建设用地标准》GB 50137—2011，可分为城乡用地的“建设用地和非建设用地”2大类、9中类、14小类。其中，城市建设用地共分为8大类、35中类、42小类，8大类分别为居住用地、公共管理与公共服务用地、商业服务业设施用地、工业用地、物流仓储用地、道路与交通设施用地、公用设施用地、绿地与广场用地。在人居环境规划设计中应充分发挥土地资源的优势，避开劣势，形成宜居环境。

2．矿产资源

矿产资源指，经过地质成矿作用而形成的，天然储存于地壳内部、或地表埋藏于地下、或出露于地表，呈固态、液态或气态的，并具有开发利用价值的矿物或有用元素的集合体。矿产资源属于非再生能源，常分为能源矿产、金属矿产、非金属矿产和水气矿产。按照自然资源部公布的文件，参考我国矿产资源统计中使用的分类，依据矿产资源用途可分为十类：能源矿产，包括煤、石油、油页岩、天然气、铀等；黑色金属矿产，包括铁、锰、铬等；有色金属矿产，包括铜、锌、铝、铅、镍、钨、铋、钼等；稀有金属矿产，包括铌、钽等；贵金属矿产，包括金、银、铂等；冶金辅助用料，包括溶剂用石灰岩、白云岩、硅石等；化工原料，包括硫铁矿、自然硫、磷、钾盐等；特种类，包括压电水晶、冰洲石、金刚石、光学萤石等；建材及其他类，包括饰面用花岗石、建筑用花岗石、建筑石料用石灰岩、砖瓦用页岩、水泥配料用黏土等；水气矿产，包括地下水、地下热水、二氧化碳气等。

3.3.2 能源

能源的定义众多，在《大英百科全书》中对其定义为，能源是一个包括所有燃料、流水、阳光和风的术语，人类用适当的转换手段便可让它为自己提供所需的能量；在《日本大百科全书》中对其定义为，在各种生产活动中，我们利用热能、机械能、光能、电能等做功，可用来作为这些能量源泉的自然界中的各种载体，称为能源；在我国的《能源百科全书》中对其定义为，能源是可以直接或经转换提供给人类所需的光、热、动力等任何一种形式能量的载能体资源。《中华人民共和国节约能源法》中所称能源，指煤炭、石油、天然气、生物质能和电力、热力以及其他直接或者通过加工、转换而取得有用能的各种资源。

综上所述，能源是自然界中能为人类提供光、热、动力等某种形式能量的物质资源。

能源分类众多纷繁，有依据来源、产生、能源性质、污染、使用类型、形态特征、再生和非再生等分类形式。无论哪种分类形式，地球上主要存在的能源主要为化石能源、太阳能、风能、水能、核能、地热、生物能。

化石能源由古代生物的化石沉积而来，是一次性能源，包括煤炭、石油和天然气，是目前消耗的最主要能源，燃烧过程会产生大量温室气体和有污染或毒性的烟气，产生影响生态系统稳定的危机，可再生能源的开发利用迫在眉睫。

太阳能是一种可再生能源，由太阳内部氢原子发生氢氦聚变释放出巨大核能而产生的，来自太阳的辐射能量。除直接辐射外，还为风能、水能、生物能等的产生提供基础。人类所需能源的绝大部分直接或间接地来自太阳。正是各种植物通过光合作用把太阳能转变成化学能在植物体内储存下来。煤炭、石油、天然气等化石能源的本质也是由古代动植物储存固定下来的太阳能。此外，风能、水能等也都是由太阳能转换而来的。如风能是太阳能的一种转化形式，是太阳辐射所造成的地球表面受热不均匀，所引起的大气层的压力分布不均匀，最终形成空气流动所产生的动能。它属于可再生能源，常利用的是季风和海陆风。

核能是通过核反应从原子核释放出的能量，核反应有三种形式，即核裂变、核聚变和核衰变。核燃料有铀、钍、氘、锂、硼等，地球上储存量较为丰富。相较于传统化石能源，核能消耗核燃料较少，几乎零排放，且能产生大量的电能，属于清洁、优质能源。

在人居环境规划设计中，充分发掘适宜的能源开发利用方式，在规划设计过程中遵循节能减排的高标准，展开绿色国土空间规划、建筑设计和宜居环境营造等内容。

3.3.3 生态

1．山

地面上被平地所围绕的具有较大绝对高度和相对高度而凸起的地貌区。山离地面高度通常在100米以上，包括低山、中山与高山。山一般是因板块碰撞或火山作用而产生。山会因河流、气候作用或冰河而慢慢被侵蚀。有些山会形成单独的顶峰，甚至内部有溶洞，如广西桂地区的喀斯特地貌，不过大部分的山会连在一起形成山脉，覆盖上植被郁郁葱葱，连绵起伏。

2．水

地球表面约有71%的面积被水覆盖。它是包括无机化合、人类在内所有生命生存的重要资源，也是生物体最重要的组成部分。水在垂直方向和水平方向分布广泛，分别有地表水、土壤水和地下水，如：潭、渊、沼泽、滩、湾、渚、涯、岛、洲、礁、矶、涧、江、河、湖、荡、海等。根据水流速度还可分为漾、湍、滞、涛、澜等。

3．林

林为成片的树木，是一个高密度树木的区域，包含了乔木林、灌木林和竹林。依据地域气候及土层特征，形成了独特的林带植物，如竹林、松林、枫林等。林地包括乔木林地及竹林地、疏林地、未成林造林地、灌木林地、采伐迹地、火烧迹地、苗圃地和县级以上人民政府规划的宜林地。

林，这些植物群落覆盖着全球大面积的土地，并对二氧化碳下降、动物群落、水文湍流调节和巩固土层起着重要作用，是构成地球生物圈中一个最主要的方面。它也具有复杂的结构和多种多样的功能，如净化空气、天然氧吧、自然防疫、调节气候、消减噪声、稳定生态、除尘、过滤污水、保持生物多样性。森林是多种动物的栖息地，也是多类植物的生长地，是地球生物繁衍最为活跃的区域。

4．田

田主要释意为种植农作物的土地，如耕地。耕地是保障国家粮食安全的基石，是我国最为宝贵的资源。古人在不同的土地上因地制宜，创造性地开发了多种形式的田，如红壤田、沼泽田、水田、黄土田、旱田、沙土田、紫土田等。

5．湖

湖是一个地理学名词，我国湖的分布，大概以大兴安岭—阴山—贺兰山—祁连山—昆仑山—冈底斯山一线为界。此线东南为外流湖区，以淡水湖为主，湖大多直接或间接与海洋相通，成为河流水系的组成部分，属于吞吐型湖。此线西北为内陆湖，以咸水湖或盐湖为主，其位于封闭或半封闭的内陆盆地之中，与海洋隔绝。湖的分布没有地带性规律可循，也不受海拔的限制，凡是地面上一些排水不良的洼地都可以储水，发育成湖泊。我国共有湖2.48万多个，其中面积在1平方千米以上的天然湖有2800多个。著名的湖有青海湖、鄱阳湖、洞庭湖、太湖、洪泽湖等。

湖是重要的自然资源，具有调节河川径流、灌溉、提供工业用水和生活用水、繁衍水生生物、改善区域生态环境等功能。同时，湖作为旅游资源正日益受到重视。湖也是人类赖以生存的重要场所，对全球变化响应敏感，是地球表层系统各圈层相互作用的联结点。其具有调节区域气候、反映区域环境变化、维持区域生态系统平衡等功能。

6．草

草是发展畜牧业的重要经济资源，是我国牧区、半牧区人们赖以生存的基础，尤其是对西部的民族地区而言，更是如此。并且，它还具有重要的生态保护功能。草地资源的可持续利用事关生态问题和民族地区的发展问题。中国草场资源丰富，1990年中国草场面积为2.22亿公顷，占国土总面积的23.1%，在中国自然资源中名列第一，草场面积居世界各国前列，分别包括干（平原）荒漠、高原荒漠和山地荒漠的草原。

7．砂

砂由岩石风化而成，是我们建造建筑的重要原材料，也是我们生活的重要组成部分。砂是除了水以外，地球上消耗最多的自然资源之一。每年，人们都会使用约500亿吨“骨料”（砂和砾石的行业术语，通常会在一起使用）。

【思考题】

1．生态人居环境的要素有哪些内容？

2．你印象最深刻的生态系统是哪个？其物质流动和能量流动情况如何？

3．你是怎样理解“绿水青山就是金山银山”这句话的？

第4章 人居环境的规划

ENVIRONMENT

4.1 可持续人居环境的特征

随着城镇化进程的加快，资源被过度消耗、生态环境恶化、经济不均衡发展和社会矛盾频发，可持续发展理念有效地促使人类及时修正各项活动对环境影响的情况。联合国住房和城市可持续发展大会（人居三大会）在《新城市议程》中提到："可持续发展目标是建设包容、安全、有抵御灾害能力和可持续的城市和人类住区"。

4.1.1 新生态系统的可持续消费和生产模式

可持续人居环境地区能够保护、养护、恢复和促进人居环境内的生态系统、水、自然生境和生物多样性，最大限度减少它们对环境的影响，并转向可持续的消费和生产模式。

4.1.2 平等地享有物质空间产品和优质服务

人们不受歧视地享有符合时代生活水平的住房，普遍享有安全和负担得起的饮用水和卫生设施，以及平等地获得在粮食安全和营养、卫生、教育、基础设施、出行和交通、能源、空气质量和生计等方面的公共产品和优质服务。

4.1.3 地域性文化与多元性文化的交织

地域文化和多元性文化是人类精神给养的来源，并为推动城市、人类住区和公民可持续发展作出重要贡献，赋予公民在发展倡议中发挥积极和独特作用的能力。全球化的时代背景推动了不同地区的文化交融，同时也给地域文化的传承带来一定的冲击。因此，坚持民族文化自信，形成多元文化交织，人类的文明才能可持续发展。

4.1.4 经济实现包容性和可持续性增长

借助城镇化促进结构转型，提高生产力、增值活动和资源利用效率，发挥地方经济的作用，并重视非正规经济部门的贡献，同时支持其可持续地向正规经济部门过渡。

4.1.5 极具安全韧性的人居环境

可持续人居环境地区能够采取和落实灾害风险减轻及管理措施，降低脆弱性，增强韧性以及对自然和人为灾害的反应能力，并促进减缓和适应气候变化。

4.1.6 强调公众参与的社区组织

可持续人居环境地区的居民都能产生归属感和主人翁意识，优先确保家庭友好型的安全、包容、便利、绿色和优质公共空间，适当加强社会和代际互动、文化表达和政治参与，在和平与多元的社会里促进社会凝聚力、包容性和安全性，让所有居民（特别是弱势群体）的需求都得到满足。

4.2 人居环境的分类

4.2.1 人类环境的层次分类

希腊学者道萨迪亚斯提出把全球的土地分成自然区域、农耕区域、人类生活区域和工业区域四种基本类型，深入细化可分为十二类基本区域（图4-2-1）。其中，第一类自然区域包括原始荒野地区、不允许居留地区、允许暂时居留地区、允许居住地区和永久居住地区的自然林地、草地、滩涂、沼泽、湖泊等；第二类农耕区域包括传统垦殖区和现代垦殖区；第三类人类生活区包括体育娱乐区、低密度聚居区、中密度聚居区、高密度聚居区；第四类工业区域为重工业和污染工业区。人居环境涉及的范围除了第二类、第三类和第四类土地类型的人类聚居及其环境以外，还涉及其他类型中的人为空间。道氏理论强调将所有人为空间作为一个整体考虑，与生态共同达到平衡，在时空方向上形成宇宙—生物圈—人为空间—人类聚居的研究层次。

人居环境聚焦在人与环境的关系，以人居为中心，强调人居环境纵向和横向的整体性，系统且综合地考虑政治、经济、文化、社会、技术等方面的影响。

道氏理论设想人类聚居系统划分为十五个单元，从最小单元——单个人体开始，到整个人类聚居系统——普世城结束。大部分聚居单元无论在人口规模还是土地面积上，大多呈现1 ：7

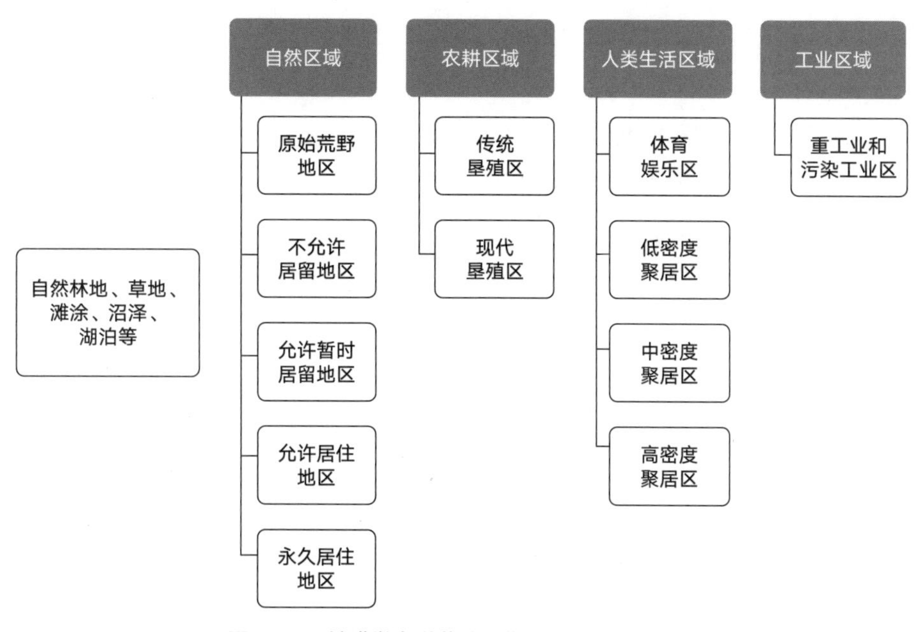

图4-2-1 希腊学者道萨迪亚斯的人居环境分类图

的比例关系，与中心地理论相一致。十五个单元还可大致划分成三大层次，即从个人到邻里为第一层次，是小规模的人类聚居；从城镇到大城市为第二层次，是中等规模的人类聚居；后五个单元为第三层次，是大规模的人类聚居。各层次中的人类聚居单元具有大致相似的特征（表4-2-1）。

人类聚居单元（$M=10^6$） 表4-2-1

人类聚居单元	1	2	3	4	5	6	7	8	9	10	11	12	13	14	15
社区等级				Ⅰ	Ⅱ	Ⅲ	Ⅳ	Ⅴ	Ⅵ	Ⅶ	Ⅷ	Ⅸ	Ⅹ	Ⅺ	Ⅻ
活动范围	a	b	c	d	e	f	g	A	B	C	D	E	F	G	H
人口数量范围			3~15	15~100	100~750	750~5000	5000~30000	30000~200000	200000~1.5M	1.5M~10M	10M~75M	75M~500M	500M~3000M	3000M~20000M	20000M以上
单元名称	个人	房间	住所	住宅	小型邻里	邻里	城镇	城市	中等城市	大城市	小型城市连绵区	城市连绵区	小型城市洲	城市洲	普世城
人类聚居人口	1	2	5	40	250	1500	9000	75000	500000	4M	25M	150M	1000M	7500M	50000M

资料来源：吴良镛，《人居环境科学导论》。

吴良镛院士在借鉴道氏理论的基础上，根据中国实际情况和人居环境研究的实际情况，初步将人居环境的研究对象简化为全球、区域、城市、社区（村镇）、建筑等五个层次。

4.2.2 人类环境的内容分类

道氏理论认为，人类聚居由内容（人及社会）和容器（有形的聚落及其周围环境）两个部分组成。具体可细分为以下五种元素（图4-2-2）：

（1）自然：指整体自然环境，是聚居产生并发挥其功能的基础。

（2）人类：指作为个体的聚居者。

（3）社会：指人类相互交往的体系。

（4）建筑：指为人类及其功能和活动提供庇护的所有构筑物。

（5）支撑网络：指所有人工或自然的联系系统，其服务于聚落并将聚落联为整体，如道路、给水和排水系统、发电和输电设施、通信设备，以及经济、法律、教育和行政体系等。

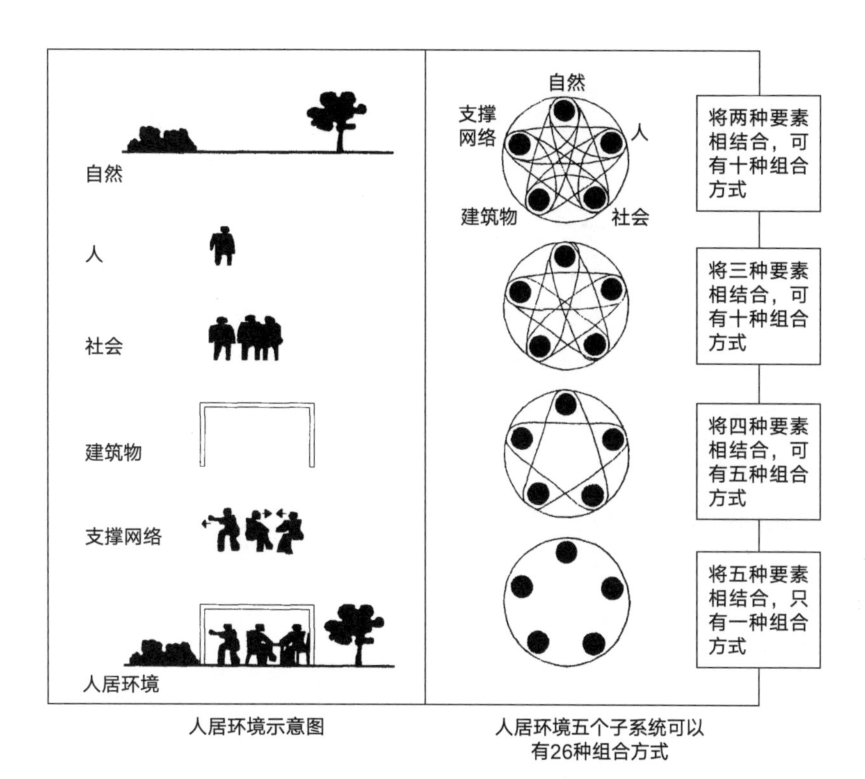

图4-2-2 人居环境示意图及五个子系统组合方式示意图
（来源：吴良镛，《人居环境科学导论》）

4.3 人居环境的营造与城乡规划

吴良镛院士认为人居环境是如此复杂的巨系统，构建了人居环境系统所需的学科群，其中城乡规划是很重要的一部分（图4-3-1）。

城市与乡村是两种主要的聚落形式，是人类所有活动的发生地和承载地，更是人类文明的发展节点和重要标志。无组织的原始聚落，随着第一次社会大分工，出现了定居的农业聚落，以及第二次、第三次社会大分工，才产生了城市。可见，城市也是从乡村发展而来，进而演变成集镇—小、中、大城市—城市群。时至今日，城市人居环境不同于融入自然的乡村聚落环境，

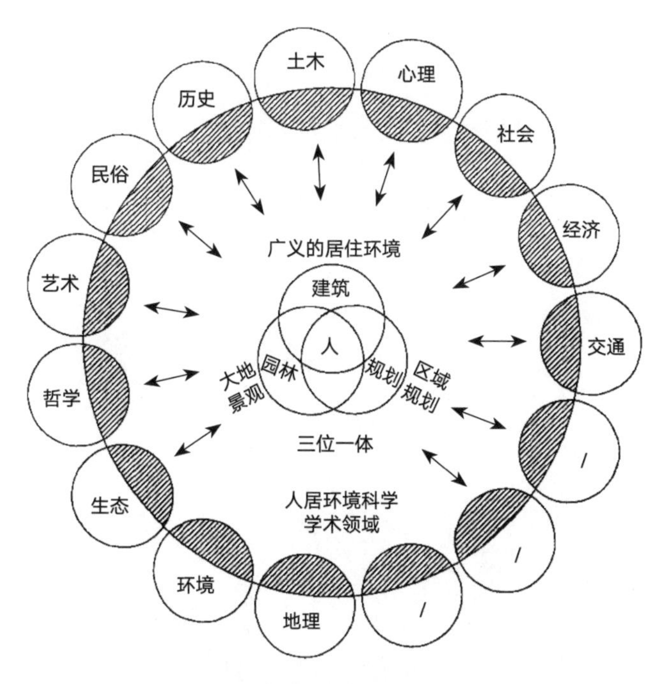

图4-3-1 开放的人居环境科学创造系统示意图
（来源：吴良镛，《人居环境科学导论》）

以其独特的形态成为人类脱颖于自然世界的主要标志，其形态深刻地映射着人类社会的历史演进。

4.3.1 乡村聚落环境的营造与村庄规划

早期的乡村聚落人口数量不多，尺度小，人居环境的营造顺势而为，依赖自然条件，选址在适于居住且风景优美的地段，建筑及路网自由分布，建造技艺和材料均来自当地，形成有机主义形态。有机主义遵循生物世界的形态法则，体现人的自然属性，又具备一定的社会组织特征。村落也分化了社会层级，呈现复杂的社会等级关联和共同意识，如浙江良渚遗址的莫角山宫殿群、农业聚落的宗族祠堂（图4-3-2）。

伴随着城市化的进程，发达地区的乡村已经成功转型为新型农村社区，宜居优美的环境与城市人居环境的品质差异并不大，市政基础设施和公共服务设施配套完善，还独具现代城市所没有的自然生态、地域文化魅力。新型农村规划除了在物质空间进行更新以外，还重视人与自然的和谐发展，恢复和保护生态，推进农业现代化，发展第二、第三产业，实现农民就近就业，推动城乡均衡发展，在规划过程中注重公众参与。因为中国的城市和乡村地区实行的是不同的人居环境发展政策，导致中国的人居环境具有明显的二元特征，城与乡之间的差距较大，如农业落后、田地荒废、村庄用地蔓延（内部却呈空心化）、配套设施不足、人口流失（原社会结构受到冲击），以及现行的规划内容和方式无法适应乡村人居环境发展的新要求等（图4-3-3）。

图4-3-2 浙江良渚遗址的莫角山宫殿群

图4-3-3 广西南宁市良庆区那马镇的村屯现状图

4.3.2 西方城市环境的营造与城乡规划

1．古代城市环境的营造与城市规划

古希腊时期的城市人口和用地规模不大，偏向社区层次，城市结合自然地形自发形成路网，房屋矮小且布局自由、功能混杂，仅关注“圣地”和公共空间的建造，公共建筑和公共空间围绕“圣地”周围，服务大众。此时的城市规划更偏向城市空间形态的设计，注重空间的视线引导和丰富的空间体验。例如，雅典卫城，平面看似自由布局，其实是一系列神庙建筑，是有目的布置的艺术雕塑，符合毕达哥拉斯数学比例关系。它是以人的尺度长期步行、观察、思考和实践后设计出的杰作，蕴含着人本主义思想，笃信人的智慧和力量。古希腊人以城邦公民身份为荣，高度崇尚公共生活，公共空间的建造与人的行为活动高度契合，又进一步激发了大家的社区公共意识与思辨精神（图4-3-4 ~ 图4-3-6）。

历经大量实践后，古希腊提出理性标准的希波丹姆模式，棋盘式路网结合公共空间的布局形态，遵循古希腊美学和数学的原则，体现雅典生活的追求，象征着西方城市规划设计理论的起点（图4-3-7）。

古罗马时期延续了古希腊的城市规划布局手法，新建了很多军事寨城，出现了大量享乐性公共建筑及纪念性公共空间，推崇世俗化和君权化，强调轴线、等级和秩序。具体体现在明确规划布局要素，如选址、分区，街道和建筑的方向定位；继承希波丹姆模式方格路网、主干道起始处设凯旋门，“丁”字轴线结构、交点处是中心广场；受神学占卜术的影响，选址决定后续发展命运；重要的空间加强了形式美学，广场、街道等公共空间更加丰富、华丽、雄伟、有

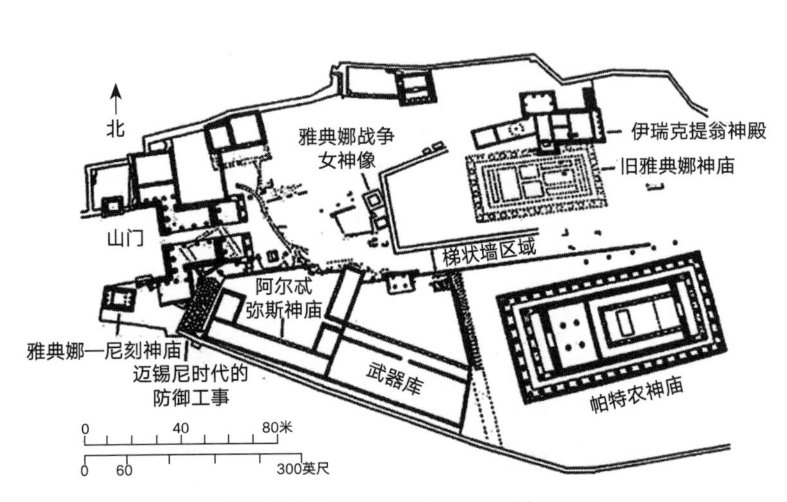

图4-3-4　公元前400年雅典卫城平面图
（来源：网络）

图4-3-5　古雅典城复原图
（来源：网络）

图4-3-6　雅典卫城鸟瞰图
（来源：网络）

序；借鉴古东方城堡结构正方形、正南北走向，大的十字交叉口正对四个城门；受勘测技术的影响，分区、朝向按垂直相交的直线代表了宇宙的轴线，同时也结合了帝王出生日的日出方位（图4-3-8）。

中世纪的城市缺乏形态设计的干预，围绕象征着权力阶层的重要建筑，如贵族宫殿，宗教庙堂，自由生长的街道系统，其他的城市公共空间或设施，居民自行建造的住所、作坊、店铺和其他工作场所。其中，形成相对自然有机的布局形态、亲切的空间尺度、宜人的景观环境（图4-3-9）。

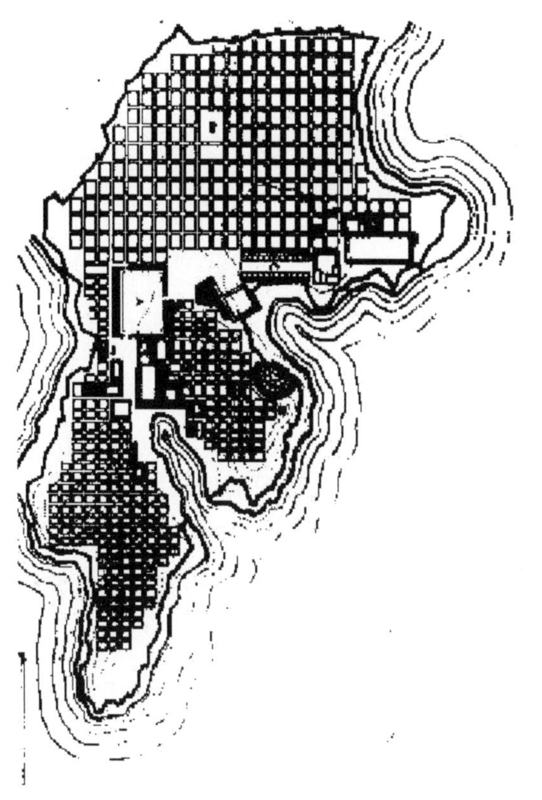

图4-3-7 米利都规划——希波丹姆模式
（来源：沈玉麟,《外国城市建设史》）

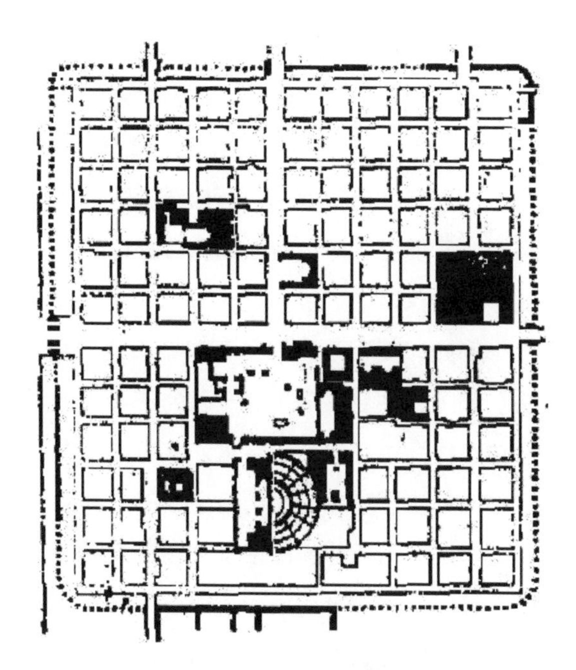

图4-3-8 提姆加德古城
（来源：沈玉麟,《外国城市建设史》）

图4-3-9 意大利锡耶纳城
（来源：网络）

文艺复兴时期的城市，新兴资产阶级倡导恢复古希腊、古罗马时期的建筑风格和布局特征，但仅限于单个建筑或城市片区的小规模营建和改造。17世纪，资产阶级与君主联盟开展了大规模的城市改造和建设活动，追求形式主义，如抽象的对称、轴线、放射和主从形态，寻求纯粹的几何结构和数理关系，凸显永恒和王权至上的规划思想（图4-3-10）。

2．近代城市环境的营造与城乡规划

18世纪后期至19世纪的工业革命，改进了生产方式，实现交通技术发展，人口大量涌入城市，原有城市空间无法适应新形势的要求，引发了土地无序蔓延、住房不足且质量差、交通拥堵、环境卫生差、传染病流行等诸多社会问题和现象。为此，西方开始了大量的城市规划实践和理论探索。

例如，英国政府为了应对城市卫生和工人住房问题，出台了《贫民窟清理法》《工人住房法》和《公共卫生法》等一系列法规，出现了资本家投资营建的公司城的小型城镇，满足工人居住和提高生产效率的要求。欧美国家为了缓解城市和工业的破坏性发展，通过景观改造恢复了城市的自然环境，又创造出新的、美丽的物质形象和空间秩序。

早期的乌托邦，即空想社会主义，提出了去资本主义、建立公有制的城市形态，虽然没有最终实践，但对埃比尼泽·霍华德的田园城市理论产生了极大的影响。田园城市模式，深入地挖掘了问题的根本，以人民的利益为出发点，将城与乡的优缺点进行统筹考虑，形成多中心复

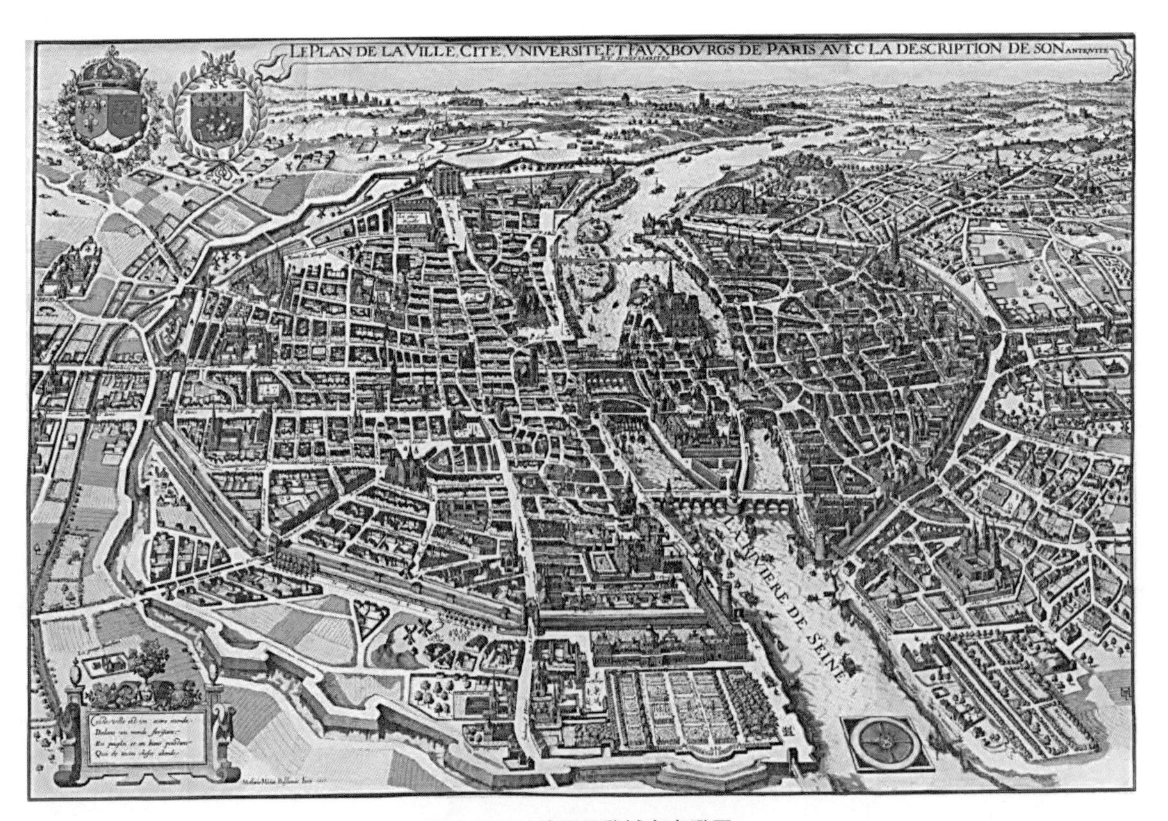

图4-3-10　法国巴黎城市鸟瞰图
（来源：若昂·德让，《巴黎：现代城市的发明》）

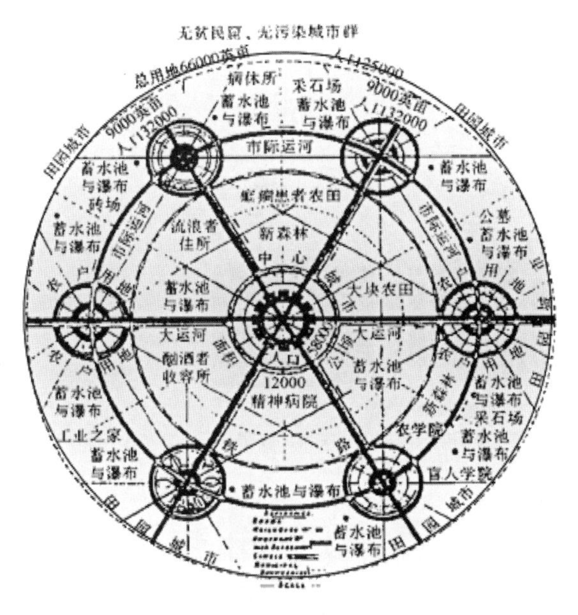

图4-3-11 埃比尼泽·霍华德的田园城市图1
（来源：沈玉麟，《外国城市建设史》）

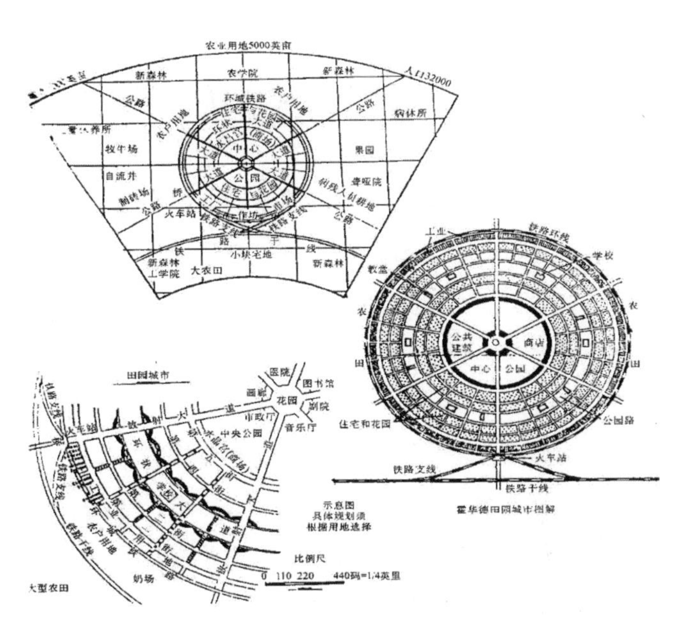

图4-3-12 埃比尼泽·霍华德的田园城市图2
（来源：沈玉麟，《外国城市建设史》）

图4-3-13 帕特里克·格迪斯著作《进化中的城市》

合的城镇群体，实现了健康宜居、生活丰富和生产高效的城市模式，物质规划与社会规划紧密结合一起。田园城市不同于以景观营造为主的花园城市，也不同于卫星城市，而是一组中心城市与周边田园城市规模、功能相差不大的平衡组群，呈现城乡统筹发展的形态。田园城市理论标志着近现代城乡规划学科比较完整的理论体系和实践框架（图4-3-11、图4-3-12）。

3．现代城市环境的营造与城乡规划

20世纪以来，西方进入了快速城市化时期，城市愈加复杂，学者从不同研究视角，针对城市主要矛盾，展开城市规划与设计的研究。

在研究区域方面，生态学家帕特里克·格迪斯（Patrick Geddes）关注到大城市或特大城市的快速城市化，对生态环境、人类社会、资源潜力和经济集聚的影响，突破城市常规的规划范围，构建城市、乡村一体的城市地区规划体系。他还倡导人本主义的综合规划，通过哲学、社会学与生物学的观点，揭示城市在空间与时间发展中所展示的生物与社会方面的复杂性。通过“先诊断、后治疗”的规划方式，研究人的行为与环境的关系，系统研究现代城市成长和变化的动力以及人类、居住地与周围地区的关系（图4-3-13）。

在研究城市方面，无论是集中的功能主义还是分散的有机主义，目的在于限制城市发展边界，控制其过度聚集，从而解决城市病的诸多问题，营造良好的城市人居环境。在现代主义设计思潮的影响下，勒·柯布西耶（Le Corbusier）提出了明日城市和光辉城市，均是集中功能主义的布局特点，通过工程技术手段，改造物质空间，从而达到改造社会的目的。城市平

面是严格的几何形构图，道路为矩形和对角线交织，实行功能分区，其中核心区为高层办公区和高层住宅区，中心为立体交通枢纽，沿着公共建筑和大量绿地构成了城市发展的主轴线。该规划布局最终应用于印度昌迪加尔规划，并在《雅典宪章》中得到充分体现（图4-3-14）。

建筑师埃罗·沙里宁（Eero Saarinen）认为，城市与自然界的生物一样，都是有机集合体，城市规划是缓解城市机能过于集中，实现有机秩序的综合管理。他认为城市活动分为日常性活动和偶然性活动，包括集中日常性功能的同时又有机疏散该聚集点。通过把传统城市拥堵区划分为若干产生功能联结的集中单元，采用绿化隔离开，既有助于创造宜居的城市环境，又能形成功能秩序和保持工作效率。该规划理念对后来的卫星城产生了重要影响。现代城市都在建设新城或卫星城，它既是独立的城市单元，又是大城市的衍生产物，可以疏散大城市过度集中的功能和人口，优化大城市的空间结构和城市问题（图4-3-15）。

在研究社区方面，美国的社会学家克莱伦斯·佩里（Clarence Perry）从社会学中认识到构建居住单元内在社会价值的重要意义，因此1929年提出邻里单位的理论，将其作为构成居住区乃至城市的细胞。该理论有助于提升居民对社区的整体文化认同和归属感，在规划设计上将人口和用地规模控制在一定范围内，内部道路系统应限制外部车辆穿越，营造宜人的空间景观。邻里中心是小学校园及其他内向型公共服务设施，设有中心公共广场或绿地，其他类型绿地均匀地分布其中（图4-3-16）。

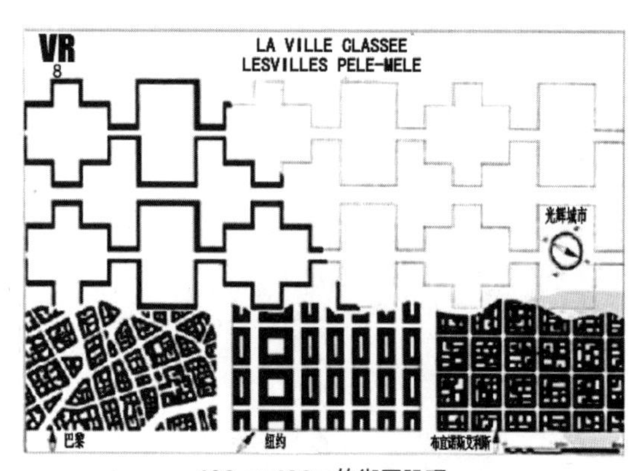

400m×400m的街区肌理

（a）同一比例尺下不同城市街区尺度的图底关系比较图

（来源：罗西著，施植明译，《城市建筑》）

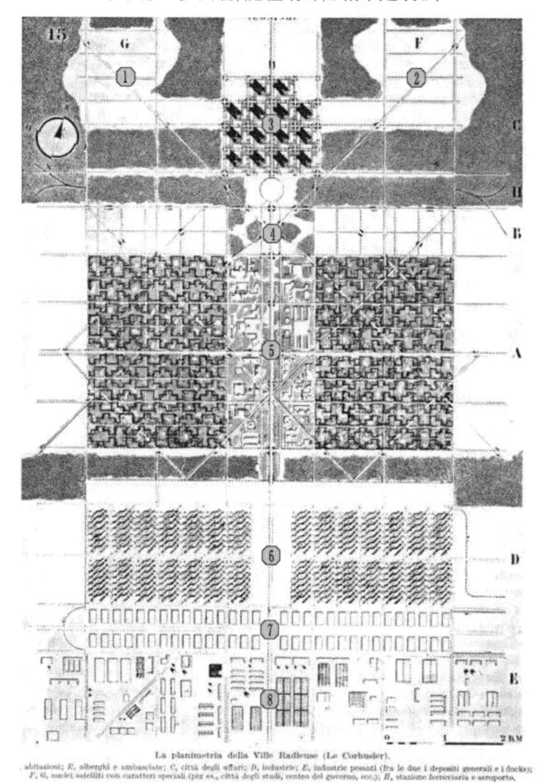

1．政府；2．大学；3．商务中心；4．使馆及酒店；
5．住宅区；6．轻工业区；7．仓库区；8．重工业区

（b）光辉城市的设想

图4-3-14 勒·柯布西耶的光辉城市设想图

（来源：勒·柯布西耶，《光辉城市》）

4．当代城市环境的营造与城乡规划

现代工业社会实行大规模、标准化的生产方式，人们的意识形态容易陷入将现代社会和人进行物化的思想，加剧文化危机的现象，城市环境的营造则更多地考虑物质空间方面。但是20世纪60年代以后，随着经济全球化和国际形势的复杂化，现代科学技术的飞速发展和生产方式的变化，人们生活方式及其社会文化的转型，社会各个领域瞬息万变，冲突加剧，不确定性加强。为此，

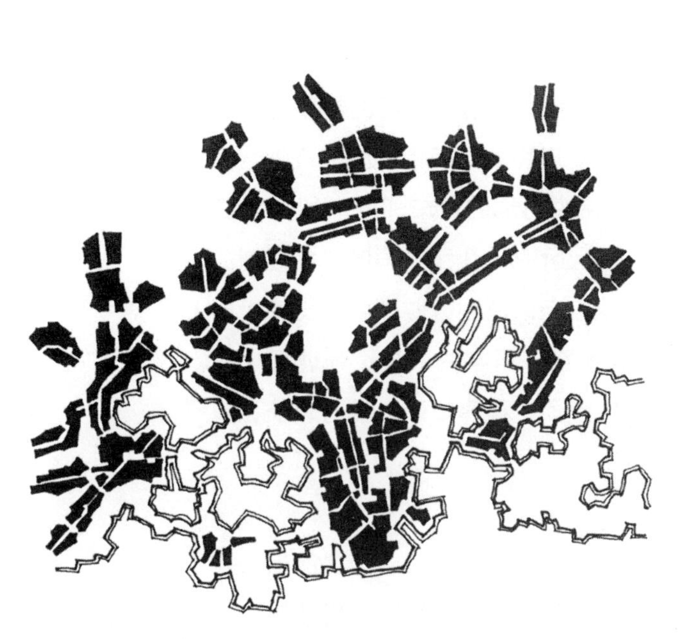

图4-3-15 埃罗 · 沙里宁 有机疏散的《大赫尔辛基规划》
（来源：网络）

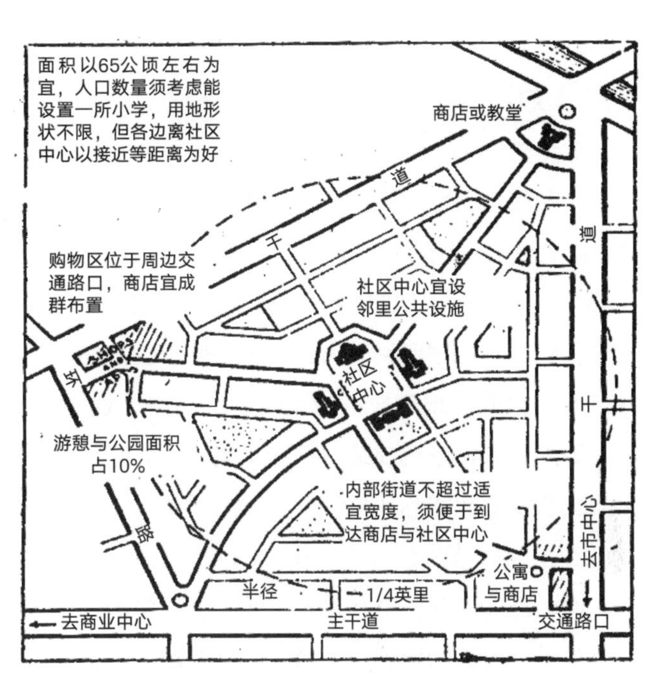

图4-3-16 佩里的邻里单位平面图
（来源：朱家瑾，《居住区规划设计》）

人类采取了变则通，并不断寻求改变和创新，以及探索多元共生的时代变革方式。

后工业社会或信息时代的典型特征：一是以市场逻辑或大众消费为主导，普遍盛行通俗化和流行艺术的内容；二是知识信息的爆炸，科学知识的地位及作用产生变化，转为推崇可译的数字信息知识，忽视人文社会学科内容；三是文化价值观念的危机，摒弃真理，无精神支柱，呈现多样性、主观性、相对性、暂存性等文化价值观；四是复杂性的挑战，在变化无常的经验世界里，从偶然性出发，寻求多元性、游戏性、宽容性、差异性，如今的结构分析和语言游戏会替代现代的宏观叙事体系，目的在于创造未知而不是已知。后现代的哲学推崇无主导性的启迪哲学，反基础主义和反本质主义。因此，后现代主义的思想由确定性转为不确定性，整体性转为破碎性，正统性转为非正统性，主体性转为非主体性，表现为多变的、不连续的、暂时的和矛盾的特征。

受后工业时代和后现代大思潮的影响，城市问题变得更为复杂和变化莫测，矛盾冲突更激烈，没有单一的理论和方法能整体认识和改造如今的城市。因此，历经大规模城市建设结束后，西方的城市环境营造，从量转变为质的需求变化，城乡规划由工程技术转向公共政策的引导，从学科交叉的视角转向对城市的生态、经济、社会、文化、环境等方面的关注，如生态环境保护、经济复苏、社会公正、文化保护与发展、城市设计、制度创新。无论是国际建筑师协会发布的《马丘比丘宪章》（1977年）、《北京宪章》（1999年），还是联合国住房与城市可持续发展大会发布的基多宣言和新城市议程（2017年），正是面对不同时期的城市新内容和新环境，指导城市规划发展的纲领性文件。

综上所述，随着城市的不断发展和演变，城乡规划方法论也呈现如下变化趋势。

1）综合性规划

综合性规划（Comprehensive Planning）本质上属于物质空间规划，早期的物质空间决定了人的生活和城市的发展，转变为寻求人的社会文化诉求与城市物质空间相匹配的规划。同时，综合性规划强调城市各部分功能的有机组合，创造出综合多功能的城市环境。如20世纪40年代末芝加哥规划的“综合规划总图”(Comprehensive Master Plan)和我国的总体规划，均属于此类，我国定义其为确定一个城市的性质、规模、发展方向以及制订城市中各类建设总体布局的全面环境安排的城市规划。此类规划方法论，因其系统、科学的发展，强调理性分析、结构控制和系统战略，在当年风行一时；缺点是修编内容烦琐、程序复杂，耗时较长，静态蓝图难以适应实际变化。

2）渐进式规划

规划目标的制定并不是一蹴而就，而是渐进式的改良，即可根据实践过程中凸显的相关领域问题进行政策的再制定，允许政策的试错和方向的不断调整，实现模拟、实践、反馈的动态循环，颠覆传统的理性和系统综合的决策方式。同时，尊重市场化的民主理性，重视社会利益主体之间冲突的调和，达到合理规划决策和方案。

3）倡导性规划

传统的理性规划是自上而下的贵族式规划，无视弱势群体的利益诉求，特别是旧城更新过程中弱势群体的话语权缺失。1965年，戴维·多夫（Davi doff）提出“倡导性规划”(Advocacy Planning)，核心在于架构平等的、多元的利益团体，倡导规划师协调不同利益团体，特别是服务弱势群体的律师代表，通过交流和辩论来解决城市规划问题，凸显社会的公正。因此，倡导性规划中的多元是规划的过程，需要构建多元化的“规划相关利益主体、决策主体、规划编制人员、规划编制内容”等规划体制，而倡导是规划师的角色，让公众真正参与到规划的决策过程之中。

4）沟通性规划

20世纪80年代，约翰·福雷斯特（J. Forester）提出沟通性规划或称交往规划（Communicative Planning)。“界定问题的过程”已经属于规划工作的一部分，可以影响城市发展决策。1998年，(J. Inners）将其发展成熟，并形成较为完整的沟通性规划方法。它建立在理性沟通的基础上，通过与多元主体共同工作，使得整个决策过程开放民主，规划师不再是规划的核心。

5）合作式规划

20世纪90年代，基于哈贝马斯（Jirgen Habermas）的“交往规划”、吉登斯（Anthony Giddens）的“结构—行为理论”和“政体理论”的理论精华，英国佩西·海利（Patsy Healey）提出合作规划（Collaborative Planning)，又称为协作规划，规划师应保持“中立”的态度和其他人共同工作，以回归常识为出发点，强调规划过程以及居民直接且平等地参与整个过程的重要性，在交流和认可的理性基础上达成协议和共识的规划成果。该规划的目的在于控制渐进式规划，在政策的指引下能够按计划执行，并确保过程中的公正和透明，防止出现强势利益的主体侵害公共利益的行为。

4.3.3 中国城市环境的营造与城乡规划

1．古代城市环境的营造与城乡规划

春秋战国是第一次城市建设的高潮时期，从西周的《周礼・考工记》可看出，古代城市营建形式主义的基本范式（图4-3-17）：“匠人营国，方九里，旁三门，国中九经九纬，经涂九轨，左祖右社，前朝后市，市朝一夫”。路网布局借鉴井田制形式，空间形态整体性很强，有严格的功能分区、里坊制度，在城市选址和总体布局形成完整的社会等级制度和宗教法礼关系，体现统治者的权力象征和礼制规范。后来的唐朝至元大都、明清北京城均沿用此范式。但北宋汴梁城有点例外，手工业和商业的发展突破礼制的束缚，城市功能随之变化，出现了居住里坊的解体和沿街分布的自由城市形态。

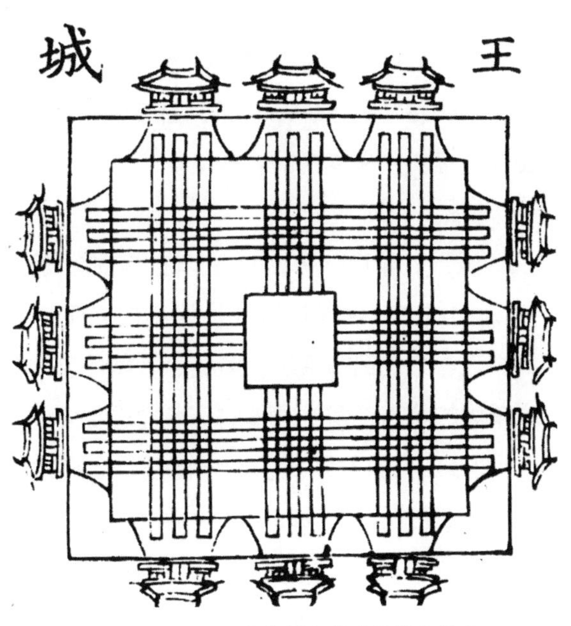

图4-3-17 古代城市营建的基本范式
（来源:《周礼・考工记》）

此外，《管子・乘马》代表了山水营城有机自然主义的范式：“因天材，就地利，故城郭不必中规矩，道路不必中准绳”。该范式呈现自然与城市有机结合的灵活格局。

2．近现代城市环境的营造与城乡规划

近代中国处于半殖民地半封建社会，城市环境的营造呈现照搬西方城市模式和本土相结合的中西合璧模式。中西合璧的城市营造，如南京的首都计划，将西方功能主义的规划理念巧妙结合中国古代有机自然的营城思想，对后续的城市规划有重要的启迪作用。

现代中国的城市营造，历经了1949～1957年全面学习苏联城市规划模式；1958～1977年城市规划和建设混乱、基本停滞不前；1978～1990年全面引入西方城市规划的研究、理论和方法；1990～2010年市场经济转型，展开增长主义导向的城乡规划探索。中华人民共和国成立时期的城市较多落实的是经济生产的建设项目，解决自上而下的计划指标，城市分类有计划地进行建设、局部修缮住房和基础设施配套，仅关注重点项目的建设布局。改革开放时期，依据城市定量分析和研究后，制定了科学合理的规划蓝图，如发展边界、方向和定位，系统且完整的用地布局、严格的功能分区等，促进了城市的有序建设。同时，引入城市地理学的研究，依据经济发展的需要和资源条件，提出了大中小城市的不同发展政策，展开了城市群、区域规划的研究。市场经济转型时期，盲目追求经济增长和城市化，产生了很多当时西方现代城市出现的共性问题，如千城一面、城市的无限蔓延、生态环境恶化、土地资源浪费、文化价值观缺失、社会矛盾加深，城乡差距拉大等。因此，基于可持续发展的理念，中央提出“三个代表”、科学发展观等重要理论思想。吴良镛院士基于道氏理论，进一步发展了人居环境理论，结合中国城市传统营造经验，系统构建了人居环境科学的理论和实践体系。众多学者从不同视角，诸如经济全球化和区域化、精明增长、城乡统筹、低碳城市、智慧城市、宜居城市、生态保护等，展开了城乡规划的理论研究和实践探索，主要是西方城市规划理论和方法的应用，其本土化和创新化的道路仍然任重道远。然而，由于大部分地方政府的支柱产业是房地产，因此城市建设仍难以扭转原增长主义模式的惯性。

3．当代城市环境的营造与城乡规划

由于二十年间城市的快速发展，城市化率由1990年的26.6%增长至2010年的49.6%，快速进入后现代思潮背景下多元的城市环境营造方式。但我们需要意识到中西方的发展差异问题，此时国外城市已经延续将近一个世纪的系统、多级、多类的空间规划治理体系，大部分城市处于静止聚居或正在衰退聚居的状态，因此国外的环境营造更多的是小修小补，百家争鸣。2010年以后，中国的大部分城市边界虽然需要由扩张慢慢转向稳定或收缩，需要注重与生态环境紧密结合，但目前的真实情况是城市之间的恶性竞争，越大的城市用地扩张越快，这加剧了城乡二元分化，累积了众多问题。

究其原因，则是缺乏国家宏观调控的介入，对市场与社会关系进行协调，构建一种适合中国国情的、更高目标导向下的、生态与发展相适应的人居环境空间规划体系。因此，为了解决现有的规划缺陷，发展生态文明建设和以人为中心的新型城镇化道路，2018年国家进行机构改革，组建了自然资源部，以城乡规划为出发点，进行“多规合一”，构建国土空间规划体系，总体框架为五级三类四体系，目的在于形成生产空间集约高效、生活空间宜居适度、生态空间山清水秀、安全和谐、富有竞争力和可持续发展的国土空间格局。该规划从跨国规划、国域规划、区域规划、省域规划，到区级规划、片区规划等，再到半个乡镇、多个乡镇等，可见除了与人居环境密切相关的乡村、城镇，还扩展到了海陆空资源的整个国域空间（图4-3-18）。

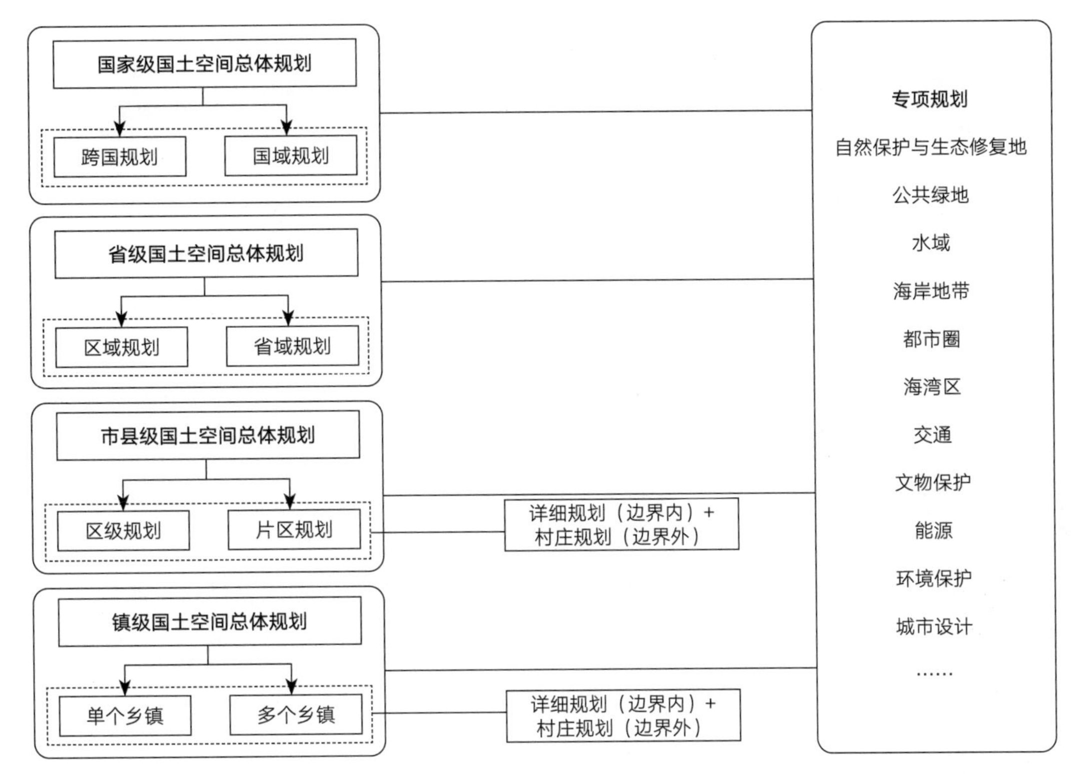

图4-3-18　五级三类四体系国土空间规划体系

4.4 人居环境的规划层次及核心理念

目前，重点围绕影响人类发展的重大问题展开人居环境的规划设计，如生态系统结构及功能的破坏、粮食和能源短缺、人口变化、以人为本、社会公正、面向全球化战略布局、经济增长与发展、智慧城市、城乡一体化、文化传承与创新等。

人居环境的规划对象主要涉及人类聚居地，是与人类生存活动密切相关的地表空间，包括乡村、集镇、城市等在内的以人为中心的人类聚居活动与以生存环境为中心的生物圈。它与现代国土空间规划的对象客体的层级一致，主要分为国家级、省级、市级、县级和乡镇级。而我国国土空间规划主要分为三大类，总体规划、专项规划和详细规划，在总体规划部分还可以衍生出区域规划的内容。

国家级国土空间规划和区域规划侧重战略性，以贯彻国家重大政策方针为目标，对全国国土空间格局作出全局安排，提出对下一层级规划的约束性要求和引导性内容；省级国土空间规划和区域规划侧重协调性，承上启下，既落实国家发展战略，又促进省域城镇化和城乡协调发展。市县级和乡镇级国土空间规划侧重实施性，实现各类管控要素的精准落地（图4-4-1）。

总体规划、区域规划是详细规划的依据、相关专项规划的基础；相关专项规划之间注重协调性，且与详细规划紧密衔接。

4.4.1 总体规划和区域规划

结合国土空间规划的人居环境部分，人居环境的总体规划可以分为国家级、省级、市县级和乡镇级层次，强调综合性，是对一定区域，如对行政区全域范围涉及的人居空间保护、开发、利用、修复，进行全局性的安排。国家级和省级的人居环境总体规划是对全国和全省范围内人类居住的聚集地进行系统的、综合的总体规划和统筹安排，整体谋划新时代的开发保护格局，包含聚居地的资源环境保护、空间开发与利用、综合整治与保障体系建设。区域级人居环境总体规划，是在国家级和省级中，针对行政范围内某些紧密联系的战略布局地区进行的总体统筹部署计划。市级、县级人居环境总体规划，承上启下，侧重传导性，对市县全域的聚居地进行发展战略部署，又细分为市域或县域、中心城区两部分，充分落实核心理念，优化空间结构和资源配置，满足居民全方位的需求，建设高质量的人居环境空间。乡镇级的规划，侧重实施性，实现各类管控要素的精准落地，聚焦镇乡发展的核心问题，落实空间布局，让居民生活得更美好。以上所有的规划层次都是自上而下地编制、审查、报批。

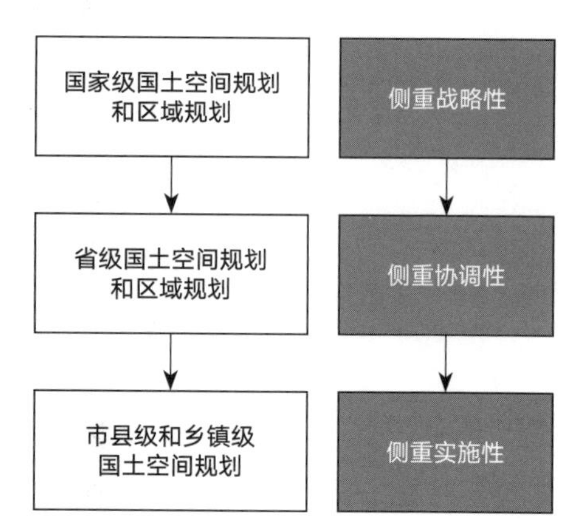

图4-4-1 国土空间规划体系侧重内容

国家级和省级人居环境规划的核心理念主要围绕生态保护、国土安全、人民的幸福生活、经济繁荣、文明永续发展和新型城镇化道路展开；市县级人居环境规划的核心理念主要体现在生态保护优先的开发建设、产业发展布局及生产空间落实、以人为本服务居民、文化传承与创新、动态平衡的空间布局和全域全要素一体化协调发展等方面。乡镇级人居环境规划的核心理念在于人民参与规划治理、生态保护与生态修复、农业经济振兴、宜居的地方性空间营造、公共服务设施与基础服务设施配套完善等方面。

4.4.2 专项规划

人居环境的相关专项规划在国家、省、市、县层级编制，强调专业性。它一般由自然资源部门或者相关部门组织编制，是在总体规划的指导约束下，对特定的区域或者流域，为体现特定功能对空间开发保护利用作出专门性安排，如自然保护与生态修复地、公共绿地、水域、海岸地带、都市圈、海湾区、交通、文物保护、能源、环境保护、城市设计等。

比如城市设计，与城乡规划（国土空间规划）相互补充，缺一不可。由于城市规划分为区域、城市中心城区和片区层面，城市设计也应呈现人居环境设计的“层次观”，本书分为区域层次、中心城区层次、街区和地段层次。城市设计的核心理念主要有空间的艺术性和空间环境的美化、符合人的使用功能、人本主义和社会公正的关怀、人工与自然环境的融合、不同时空背景下空间的可持续性发展。

4.4.3 详细规划

详细规划强调实施性，一般是在市县以下组织编制，是对具体地块用途和开发强度等作出的实施性安排。详细规划是开展人居环境空间开发的保护活动，包括实施空间用途管制、核发城乡建设项目规划许可、进行各项建设的法定依据。此外，在城镇开发边界外，将村庄规划作为详细规划，进一步规范了村庄规划。

依据总体规划确定的规划单元分类编制详细规划，在城镇开发边界内的详细规划又分为控制性详细规划和修建性详细规划，在城镇开发边界外的详细规划，采取“多规合一”的详细规划——村庄规划。控制性详细规划的核心内容就是控制指标体系的确定，包括控制内容和控制方法两个层面，指标体系的确定遵循“科学严谨、定量定性、人本指标、复合紧凑、开放共享、包容互促、创新智慧、刚弹兼具”等核心理念。修建性详细规划，以城市总体规划、分区规划或控制性详细规划为依据，制订用以指导各项建筑、绿地和工程设施的设计和施工的规划设计。不同项目类型遵循的核心理念各不相同，但都离不开以人为本、多元化、公众参与、生态文明建设、文化基因传承、虚实空间交互、公共空间营造、功能复合集约、公共交通倡导、新型社会诉求与技术的应用、人口问题、可持续设计等。

村庄规划与上述的控制性详细规划和修建性详细规划的部分的核心理念是相同的，但由于它的地域特征，理念又有些不同，如乡村振兴的新格局，产业兴旺、生态宜居、乡风文明、治理有效、生活富裕等；在规划设计中，追求功能空间布局合理、与自然天人合一、呈现乡土化与地域性、实现村民参与和自治。

4.5 人居环境规划的基本原则

4.5.1 贯穿生态文明建设思想

生态文明建设，是解决建成环境与生态系统矛盾的问题抓手，是实现可持续发展的重要举措，平衡好人口、自然、经济之间的关系，实现社会、经济、环境的三者统一。建设美丽、舒适、富裕、和谐、高效的人居环境，处理好生态保护和利用的关系，设计师们要在不同层次的规划设计中，从始至终地贯彻生态价值观。

4.5.2 落实产业布局的新调整

全球化经济一体化，要在后工业时代成功发展为智力型城镇化国家，需要紧跟发展潮流，及时调整产业布局，发展新兴产业并巩固特色产业。而这些产业布局均需要落实到空间上，在人居环境规划过程中也需要考虑这方面空间的合理布置。

4.5.3 协调公共建设与永续保底

单纯发展经济不断扩张或坚持保护生态、资源和粮食地区，很难实现可持续发展。为此，需要在坚持生态保护、耕地保护、资源开发等底线的基础上，努力在有限的空间发挥高质量的建设水平，特别是关乎公共利益的人居环境规划设计。

4.5.4 统筹城与乡一体化发展

以往的城乡二元化发展，导致城与乡的差距拉大。为此，在人居环境的规划中，突破城与乡的壁垒，实现城乡资源要素的相互流通，各类空间要素的统筹协同，实现城市反哺乡村，实现乡村振兴，城乡发展一体化，甚至城乡全域全要素的一体化发展。

4.5.5 确保空间运营的有序性

规划是要达到保证空间运营的高度秩序和规律，不然人居环境会处于混乱、无序的状态。因此，所有层次规划设计的基本原则，应为空间运营的有序性。通过对人居环境的分析研究，把握系统和各个组成部分的发展规律，组织空间的组成要素，使之有序。

4.5.6 尊重空间的原有特性

人居环境规划的主要内容均需落到人们赖以生存的空间环境。因此，需要发掘场地空间的原有特性，将其进行保护和利用，既符合地域的自然发展规律，又能充分发挥其优势，为人所用。

4.5.7 延续规划的空间基因

人居环境规划随着发展的进程不同，会产生相适应的规划调整，但是人居环境的发展路径不能完全割裂于以往规划的内容或方式方法，需要在原来规划的基础上进行延续或创新，避免空间资源的浪费或破坏。

4.5.8 体现人本主义与公正

时代的进步，人居环境规划设计的对象更加多样化和个性化，而不是面向群体或某一阶级。人居环境规划设计需要以人为本，针对不同人，以及人的多元化、多层次需求，展开恰当的规划方式和规划内容。特别是针对弱势群体的诉求，为他们的生活和社会活动提供相应的规划设计。

4.5.9 实现文化的传承与创新

人居环境规划设计中以社会主义核心价值观设计元素为引领，传承发展中华优秀传统文化元素为核心。一方面，深入挖掘人居环境的特色文化，盘活地域特色文化资源，明确优秀文化元素和历史文化遗产的保护内容，保护和传承传统人居环境文化；另一方面，结合现代化、全球化的文化，进行中西人居环境文化的创新与融合。

4.5.10 空间要素动态组织运行

人居环境体系由生态、社会、经济等多个不同空间的子系统共同组成，规划的主要任务则是整体统筹其空间子系统的关系。但目前世界处在前所未有之动荡的动态变化之中，人居环境规划不仅要考虑当下的规划结构和空间布局，更要预留未来发展的弹性以及对空间结构的延续，为未来的空间要素动态组织运行保驾护航。

4.6 人居环境规划的基本内容

人居环境各个单元的要素是相互关联、相互作用的。在一定空间范围内，形成不同层次的实体，并有着普遍联系的整体性特征。针对国家、省、市县、镇乡、社区或村庄等不同层次的问题，规划设计内容的侧重点不同，即使同一个内容，不同层次的空间，落实的精度和深度也有所不同。

4.6.1 国家级总体规划和区域规划

张京祥教授对国家级层次规划编制的主要内容阐述如下：

（1）体现国家意志导向，维护国家安全和国家主权，谋划顶层设计和总体部署，明确国土空间开发保护的战略选择和目标任务。

（2）明确国土空间规划管控的底数、底盘、底线和约束性指标。

（3）协调区域发展、海陆统筹和城乡统筹，优化部署重点资源、能源、交通、水利等关键性空间要素。

（4）进行地域分区，统筹全国性产业组织和经济布局，调整和优化产业空间布局结构，合理安排全国性产业集聚区、新兴产业示范基地、农业商品生产基地布局。

（5）合理规划城镇体系，合理布局中小城市、城市群或城市圈。

（6）统筹推进长江黄河流域治理，跨省区的国土空间综合整治和生态保护修复，建设以国家公园为主体的天然保护地体系。

（7）提出国土空间开发保护的政策宣传和差别化空间治理的总体原则。

国家级区域规划是指以特定区域经济社会发展为对象编制的规划，是国家总体规划、重大国家战略在特定区域的细化落实，是国家指导特定区域发展、制定相关政策以及编制区域内省（自治区、直辖市）总体规划、专项规划的重要依据。其主要内容包括区域重大基础设施建设、重大产业发展、创新驱动发展与区域创新体系建设、城乡建设与城乡协调发展、生态建设与环境保护、社会事业发展、国际国内区域开放合作、体制机制改革等。

4.6.2 省级总体规划和区域规划

省级层次的规划编制主要内容如下：

（1）落实国家规划的重大战略、区域协调发展战略、目标任务和约束性指标。

（2）提出省域国土空间组织的空间竞争战略、战略性区位、空间结构优化战略、空间可持续发展战略和解决空间问题的“一揽子”战略方案。

（3）合理配置国土空间要素，划定地域分区，突出永久基本农田集中保护区、生态保育区、旅游休闲区、农业复合区等功能区。

（4）加强国土空间整治修复，实现国土空间生态整体保护、系统修复和综合治理。

（5）强化国土空间区际协调。强化区域协调发展，包括省际交界地区和省内重点地区产业协同发展、基础设施共建共享、跨区域生态廊道共治共保、资源能源统筹利用等。明确城镇体系结构和中心城市等级体系，划分中心城、新城、产业集聚区、重点镇、一般镇等功能分区，确定各级各类城市规模和结构，探索切合区域实际的种种布局模式。

4.6.3 市县级总体规划

市县级规划的重点内容主要包括：

（1）落实国家级和省级规划的重要战略、乡村振兴战略、主体功能区战略和制度、目标任务和约束性指标，提出提升城市能级和核心竞争力、实现高质量发展和创造高品质生活的战略指引。

（2）落实省级国土空间规划提出山、水、林、田、湖、草等各类自然资源保护、修复的规模和要求，明确约束性指标，提出生态保护修复要求，提高生态空间完整性和网络化。

（3）确定市域国土空间保护、开发、利用、修复、治理总体格局，构建“多中心、网络化、组团式、集约型”的城乡国土空间格局。明确全域城镇体系，划定国土空间规划功能分区，突出生态红线区、旅游休闲区、农业复合区等功能分区，明确空间框架功能指引。

（4）确定市域总体空间结构、城镇体系结构，明确中心城市性质、职能与规模，落实生态保护红线，划定市级城镇开发边界和城市周边基本农田保护区。

（5）统筹安排市域交通等基础设施布局和廊道控制要求，明确重要交通枢纽地区选址和轨道交通走向；提出公共服务设施建设标准和布局要求；统筹安排重大资源、能源、水利、交通等关键性空间要素。

（6）对城乡风貌特色、历史文脉传承、城市更新、社区生活圈建设等提出原则要求。划定城市交通红线、市政黄线、绿地绿线、水体蓝线、文保紫线、安全橙线、走廊黑线“七线”（图4-6-1）。

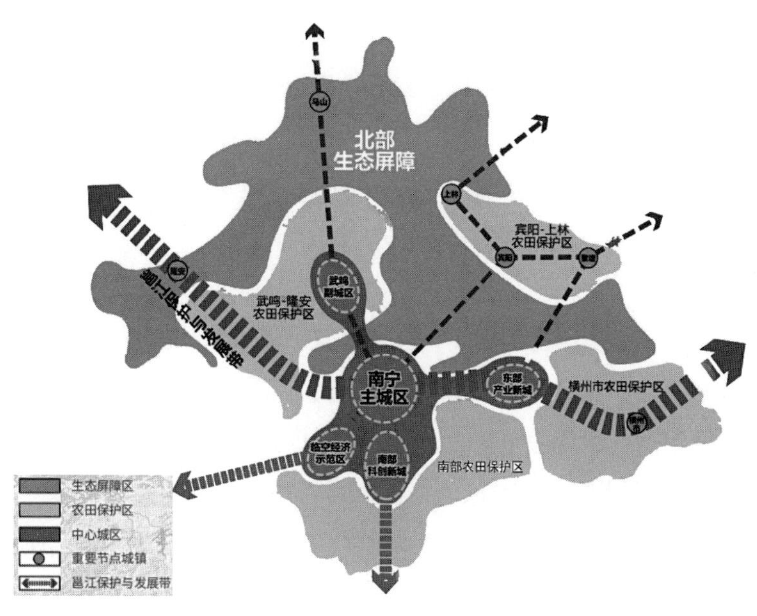

图4-6-1　南宁市域开发保护总体格局示意图

4.6.4　镇乡级总体规划

镇乡级规划的重点内容主要包括：

（1）落实县级规划的战略、目标任务和约束性指标。

（2）统筹生态保护修复、统筹耕地和永久基本农田保护。

（3）统筹农村住房布局、统筹基础设施和基本公共服务设施布局。

（4）统筹产业发展空间。

（5）制定乡村综合防灾减灾规划。

（6）统筹自然历史文化传承与保护。

（7）在乡（镇）域范围内，以一个村或几个行政村为单元编制“多规合一”的实用性村庄规划。

4.6.5　专项规划

专项规划是针对规划范围内的空间开发保护利用做出的专门性安排，从宏观、中观到微观层次均可进行编制。编制内容根据研究的重点进行展开，涉及内容较多，本书就以风景园林、环境设计专业相关的生态保护与修复、城市设计进行简述。

1．生态保护与修复规划

生态保护与修复规划的主要内容：

（1）明确生态环境保护的基础形势，确定研究范围的生态地位。

（2）明确生态专项规划的对象，梳理出各生态用地的类型。

（3）通过国内外相关生态评估体系及标准，明确有关生态价值情况的研究范围。

（4）分析研究范围内关于生态面临的核心矛盾、问题及挑战。

（5）提出生态环境保护的总体目标、阶段性目标、定量或定性指标。

（6）提出该层次的生态保护与修复策略，如构建区域联动整体生态空间格局、建设绿色生态廊道、保护修复自然生态系统、环境污染防治等，制定了落实到空间的生态环境保护、修复等各项任务的方案。

2. 城市设计

城市设计与人居环境学科密切相关，是关乎城市建设活动的一个综合性学科方向和专业。它是城市规划的重要组成部分。《中国大百科全书》将其定义为“以城镇发展和建设环境中的空间组织和优化为目的，运用跨学科的途径，对包括人、自然和社会因素在内的城市形体环境对象所进行的研究和设计”。“城市设计”着重对城市的前瞻性推演和设计，更具有具体性、图形化、艺术性，对城市形态形成、特色风貌营造、文脉延续、环境品质提升、生活质量提高和激活经济活力等方面具有重要作用。

城市设计既需要理性分析的逻辑思维，也要创造艺术的空间形象，构思意境，达到逻辑思维与形象思维的巧妙结合。刘易斯·芒福德（Lewis Mumford）提倡的“双重视觉”（A Double Vision），用心与用脑来发展“科学中的艺术”与“艺术中的科学”。

城市设计的目标与良好城市环境营造的各个要素息息相关，所以其目标也涉及众多方面，如可持续性、功能混合、包容性、社区性、弹性化、历史文化保护、可达性、艺术性等。城市设计的类型主要有设计策略类、开发意象类、辅助规划项目类、从人性化出发的修规（修建性详细规划，以下简称修规）类、环境改善类等。

张京祥教授认为，城市设计主要内容为城市形态与空间的塑造、场所的感知和体验、空间审美和视觉、空间的使用方式、空间中的社会问题。由于城市设计呈现人居环境设计的“层次观”，本书分为区域层次、中心城区层次、街区和地段层次。

1）区域层次

研究重点在于明确城市风貌特色、保护自然山水格局、优化城市形态格局、构建公共空间体系。首先，要挖掘区域的特色资源，主要从地理特征、历史演变、文化资源、城市的区位及发展要求等方面进行评估和保护。结合城乡规划和资源禀赋，从区域层面进行不同城市或乡村差异化的特色定位。其次，从区域层面统筹更大范围的建设用地与山、水、林、田、湖、草的关系，构建蓝绿空间网络，进行区域自然环境保护与利用、生态系统构建。再次，结合产业布局、交通系统、城市组团等，构筑区域发展的空间结构。从次，结合区域的蓝绿空间布局，除了加强其生态服务功能，还要植入社会服务功能，构建区域开敞性的公共空间体系，形成不同的分类指引。最后，从区域空间美学角度，将这些空间要素和空间关系提炼、优化，形成城市在区域层次上的发展理念及空间布局模式，如嘉兴市秀洲区北部湿地（图4-6-2）。

2）中心城区层次

研究重点是在城市总体规划前提下的城市形体结构、城市景观体系、开放空间和公共人文

图4-6-2 嘉兴市秀洲区北部湿地概念性设计图
（来源：项目组 绘制）

活动空间的组织。主要内容有：中心城区生态、文化、历史在内的用地形态、空间景观、空间结构、道路格局、开放空间体系和艺术特色，乃至城市的天际轮廓线、标志性建筑布局等。最终为城市规划各项内容的决策和实施提供了一个基于公众利益的形体设计准则。

历史文化名城、地形条件复杂变化的城市，如桂林、柳州，均应体现上述要求。雄安新区的城市建设也是一种全新的探索（图4-6-3）。

在国外的城市设计中，澳大利亚堪培拉的规划设计也是一个精彩的例子。1912年，堪培拉举行国际规划设计竞赛，美国设计师瓦尔特 · 佰利 · 格里芬（Walter Burley Griffin）中标（图4-6-4）。

该方案合理地利用了山峦和水面，把城市的核心确定在首都山，以它为中心规划了三条主要的城市空间轴线。第一条为由南到北，自红山，经首都山，再到安斯利山的主轴线，此轴线的中心部位为三角形地段，布置国家级政治、文化、艺术方面的建筑；第二条为东西向贯穿格里芬湖的视觉轴线，西端为黑山，山顶建有电视塔，为城市标志之一；第三条为首都通向城市商业、服务业文化中心的轴线，既是视觉轴线，也是主要的交通线路之一。

这一方案曾得到“把适宜于国家首都尊严和花园城市生活的魅力调和到一起”的赞誉。堪培拉曾被誉为“世界十大绿都”之一。

3）街区和地段层次

主要涉及城市中功能相对独立，并具有环境相对整体性的街区，是城市设计的典型内容。

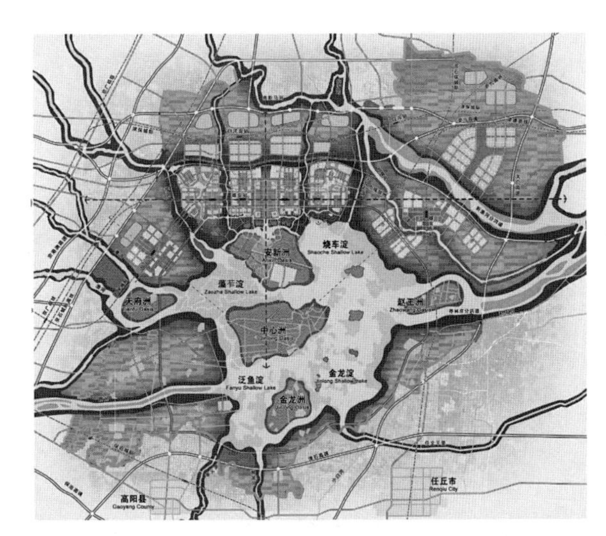

图4-6-3　雄安新区用地布局图
（来源：中国自然资源部门官网）

图4-6-4　堪培拉城市设计鸟瞰图
（来源：网络）

主要内容有：与区域—城市级城市设计对环境整体考虑所确立的原则的衔接，如作为蓝道的河流、作为绿道的开放空间和城市的步行体系、基础设施体系乃至城市的整体空间格局与艺术特点在实施中都要落实到具体的街区和地段的城市设计中去；旧城和历史街区的改造保护和更新整治；功能相对独立的特别区域，如城市中心区，具有特定主导功能的历史街区、商业中心、大型公共建筑（城市建筑综合体、大学校园、工业园区、世界博览会）的规划设计等。要注意保护那些在历史上形成的，且目前仍然维系着完好的社区生态结构的旧城（尤其是居住区），保护城市历史文化的延续性（图4-6-5～图4-6-7）。

由于城市设计主要以人为核心，着重解决公共空间的设计和管理，以及人的使用和体验感、历史文化传承等问题。因此，城市设计的具体内容也包括城市结构、城市类型学、城市密度和可持续发展、交通便利性、空间导向性、城市活力、步行区域、将自然纳入城市、美学、多功能性、个性特征、组织秩序、延续和改变、融合与包容等。

4.6.6　详细规划

1．控制性详细规划

依据《城市规划编制办法》，城镇建成区边界内的控制性详细规划的强制性内容主要如下：

（1）详细规定各类不同使用性质用地的界线，规定各类用地内适建、不适建或者有条件允许建设的建筑类型。

（2）规定各地块的建筑高度、建筑密度、容积率、绿地率，规定交通出入口、停车位、建筑后退红线距离、建筑间距。

（3）确定各级道路的红线位置，控制点坐标和标高。

图4-6-5 保定漕河生态景观带西区城市设计鸟瞰图
（来源：项目组 绘制）

图4-6-6 保定东湖天地城市设计鸟瞰图
（来源：项目组 绘制）

图4-6-7 保定河北大学科技园城市设计鸟瞰图
（来源：项目组 绘制）

（4）基础设施用地的控制界线（黄线）、各类绿地范围的控制线（绿线）、历史文化街区和历史建筑的保护范围界线（紫线）、地表水体保护和控制的地域界线（蓝线）等“四线”及控制要求。

（5）提出各地块的建筑体量、体型和色彩的要求。

后现代主义时期的城市建设，并不像早期的土地，对使用性质进行严格区分，而是以功能混合的形式出现，建成了各种综合体，如商住综合体、商业商务综合体、田园综合体等。因此，在编制详细规划的时候，会考虑土地的兼容性和各类功能土地的比例。控规（控制性详细规划，以下简称控规）的指标体系，也应跟随时代的建设情况进行调整，如高强度地区绿地率可以换算成立体绿地率的要求。除了刚性指标以外，在控规层面也设置了弹性引导方面，如城市设计关注的公共空间、建筑体量、风格、形式、色彩和材质等内容，创造出高品质的城市空间环境（图4-6-8～图4-6-10）。

图4-6-8　广西龙象谷度假区一期门户组团控制性详细规划图1

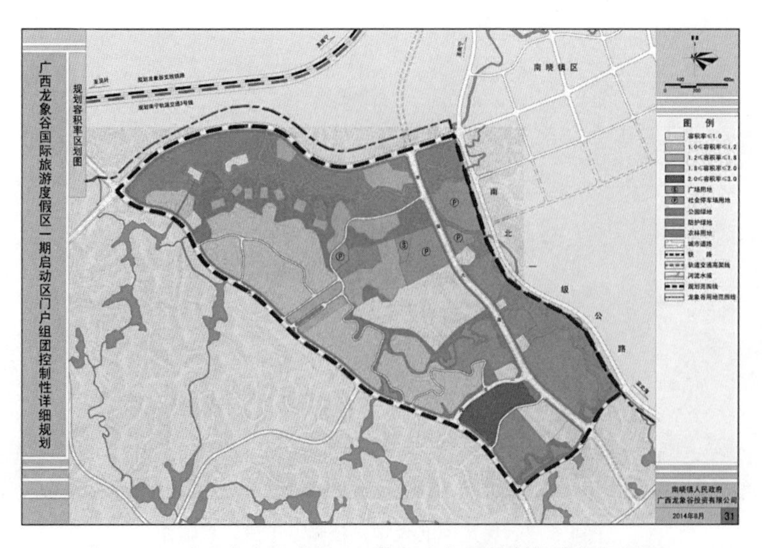

图4-6-9　广西龙象谷度假区一期门户组团控制性详细规划图2

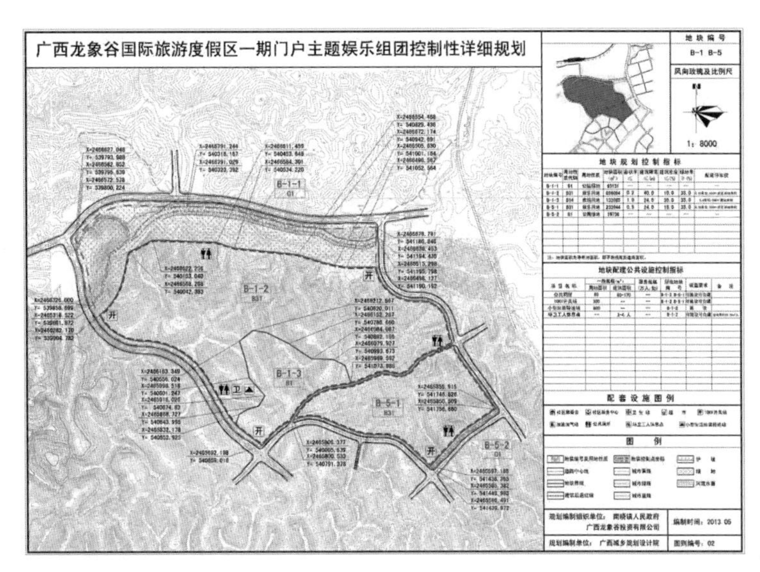

图4-6-10　广西龙象谷度假区一期门户组团控制性详细规划图3

2. 修建性详细规划

依据《城市规划编制办法》，城镇建成区边界内的修建性详细规划的主要内容如下：

（1）建设条件分析及综合技术经济论证。

（2）建筑、道路、绿地等的空间布局和景观规划设计，布置总平面图。

（3）对住宅、医院、学校和托幼等建筑进行日照分析。

（4）根据交通影响分析，提出交通组织方案和设计。

（5）市政工程管线规划设计和管线综合。

（6）竖向规划设计。

（7）估算工程量、拆迁量和总造价，分析投资效益。

修建性详细规划设计，直接影响人的体验感和环境品质，因此不仅要考虑满足工程规划设计的要求，更要满足创意设计的内容，在追求合理有序的功能空间布局规划的基础上，发挥空间的艺术体验。建设条件分析包含基地内的道路、建筑物或构筑物、地质地形地貌、水系分析以外，还要结合上位及相关规划、住房和城乡建设部门的规划条件、周边相关设计要素对比分析、地理及政策分析、人口分析、经济水平、消费能力、发展规模和潜力、收入水平、发展机会及成长空间、市场调查和资料信息的收集等，可根据场地自身的发展需求与现实矛盾展开深刻的剖析，提出相应的设计策略。

居住用地是城市用地占比最多的类型之一，社区构成城市空间的最基础单元，与人们的工作生活息息相关。早期社区规划更加注重物质空间的规划设计，追求开发商利益的最大化，但却忽略了社区居民的不同需求和社会文化，只是将居民作为客观的规划对象，而非主动推动社区更新发展的鲜活的居民。因此，社区的综合技术经济论证更加注重居民的活动需求。2018年版《城市居住区规划设计标准》规定的5分钟、10分钟和15分钟社区生活圈，则是以人的步行频率、时长和距离来进行限定，依据所需的日常生活进行各类指标的安排。社区类型的修建性详细规划与以往的技术指标规定内容相比较而言，更符合人本主义的规划设计，也更有利于引导居民形成健康、绿色、活力的生活方式和习惯。

在布局总平面之前，为了能够创造出更有意境的空间以及关键的核心内容，需要构思概念空间，艺术化的概念空间离不开设计理念的目标引导，设计理念既要符合后现代设计思想又要能够营造出丰富的空间语言。平面布局主要涉及场地分区与功能组织、场地空间类型及序列组织、场地道路与交通组织等。场地功能分区与功能组织主要解决场地中组成元素形态的确定和元素之间组织关系的确定，这两个方面的问题。场地空间类型及序列组织讲究空间形式、空间类型、空间组合和形式美法则的营造。场地道路与交通组织考虑穿越空间序列、运动于时间之中的丰富感受。空间与精神是营造场所必不可少的两项内容。住房和城乡建设部总经济师杨保军先生认为，客体空间叠加人的记忆、体验，印记下城乡历史文化变迁的足迹，才成为有意义的场所[①]。在做具体项目的详细规划设计时，应将场地的故事、文化积淀和哲学思想等文化精神要素置入空间组织，增加吸引力，激发活力，强化认同感和归属感，营造富有特色的宜居环境。场地的空间组织手法可以从小场地贯穿至大场地，巧妙地将宜人的空间尺度、场地生态、文化基因、多元化诉求等理念加以融合，以便创造出项目范围内丰富的空间意境，提升人的生活品质和找到场地的精神归属（图4-6-11、图4-6-12）。

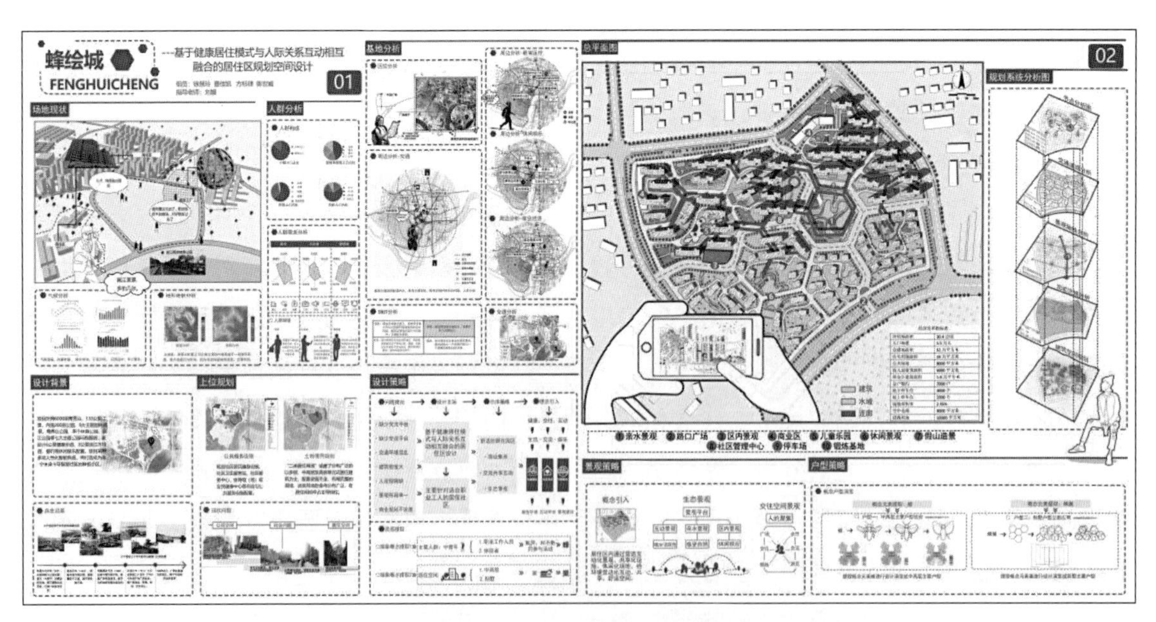

图4-6-11 广西艺术学院建筑艺术学院2020级居住区设计作业1
（来源：徐慧玲、曹佳凯、方标律、陈世威 绘制）

① 杨保军，陈鹏，董珂，等．生态文明背景下的国土空间规划体系构建［J］．城市规划学刊，2019（4）：16-23.

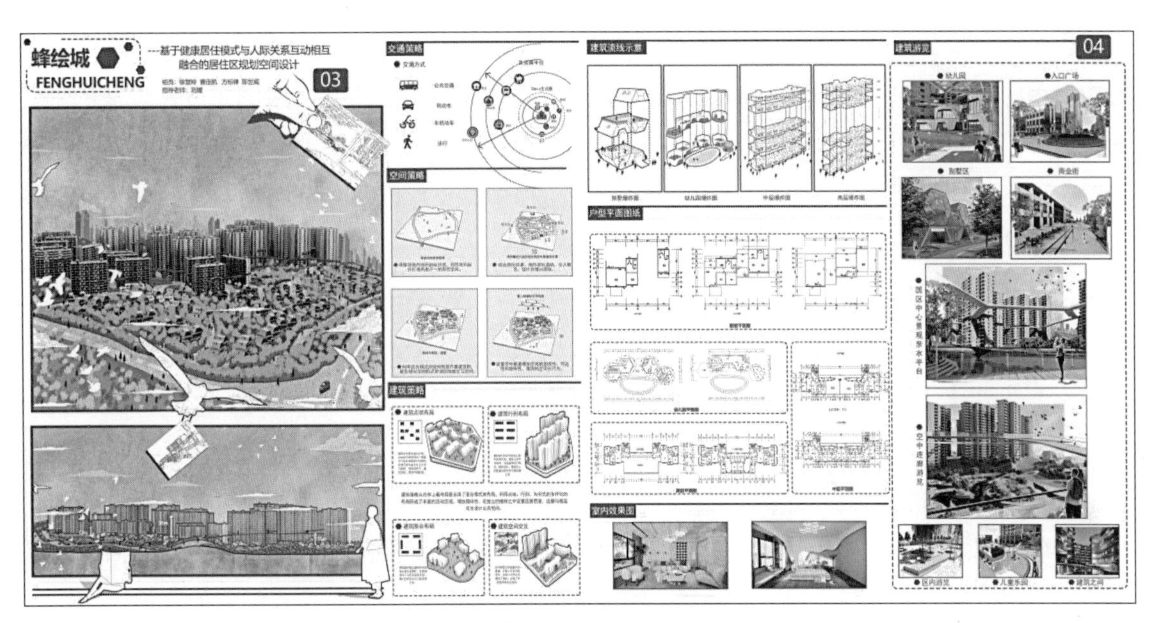

图4-6-12 广西艺术学院建筑艺术学院2020级居住区设计作业2
（来源：徐慧玲、曹佳凯、方标律、陈世威 绘制）

4.6.7 体检与评价

“体检”一般是指通过医学手段和方法对受检者的身体进行检查。这是医疗的诊断环节，是针对症状或疾病及其相关因素的诊察手段。为了城市能够健康发展，“体检”一词进入了城市规划工作者的视野。随着大数据、新技术的发展，对城市进行全面体检成为可能，并逐渐成为保证城市健康运行的重要环节。

依据2021年6月自然资源部发布的《国土空间规划城市体检评估规程》TD/T 1063—2021和2021年4月，住房和城乡建设部发布的《关于开展2021年城市体检工作的通知》（建科函〔2021〕44号），可知住房和城乡建设部的城市体检指标体系由生态宜居、健康舒适、安全韧性、交通便捷、风貌特色、整洁有序、多元包容、创新活力8个方面、65项指标构成。自然资源部的城市体检评估体系按安全、创新、协调、绿色、开放、共享，可分为6个一级类别、18个二级类别和104项指标。

住房和城乡建设部的城市体检成果主要是指城市体检报告。如重庆市出台的《2020年重庆城市体检报告》，报告的主要内容有：根据城市实际情况构建的城市自体检指标体系、居民调查问卷及结果、城市体检结果、城市优势分析、城市需进一步改善的地方等，进而提出有利于城市建设和治理的提升策略与治理措施，形成“城市治理项目方案”。体检成果主要应用于作为编制“十四五”城市建设相关规划、城市建设年度计划和建设项目清单的重要依据；通过建设省级和市级城市体检评估信息平台对接国家级城市体检评估信息平台，加强城市体检数据管理、综合评价和监测预警。

自然资源部的年度体检成果由体检报告及附件组成：报告主要包括总体结论，规划实施成效、存在问题及原因分析，对策建议等；附件包括城市体检指标表（必选项）、年度重点任务完成清单（自选项）、年度规划实施分析图（必选项）、年度规划实施社会满意度评价报告（自选项）、年度体检基础数据库建设情况说明（必选项）等。体检成果主要应用于规划编制实施与动态监测评估预警、执法督察等自然资源管理工作中，支撑国民经济和社会发展规划及政府工作报告编制等综合事务决策。

4.7 人居环境规划的基本步骤

1．目标愿景的建构

在编制规划前，必须认清规划要实现的目标，目标的设定要符合可持续发展的要求，满足生态、生产、生活的理想目标。宏观层次的规划既有核心的总目标，也有细化的分目标。

2．矛盾问题的剖析

大到国家级小到社区级，均要进行人居环境现状分析和研究，自上而下和自下而上两种工作方式充分结合，依据各层次规划的主要内容所涉及的相关因素展开，如区位条件、自然条件、周边条件、建设条件、社会经济条件和城乡规划的要求等；同时，结合时间的演变，进行演变过程和原因等规律的深刻剖析。

3．规划策略的制定

规划策略的制定决定人居环境的正确发展方向，结合现状问题的剖析和人居环境发展的未来导向，就生态、经济、科技、社会、人文等多方面进行战略选择，同时还要结合上下不同层次的发展综合进行考虑，既要考虑更大层次的战略要求，又要聚焦基本层次及周边的相关条件；也可深入内部更小层次，探究现状的关键问题及导向，从而制定相应的科学、合理、多样化的策略。

4．空间发展的模式

人居环境的空间有着不同的空间等级秩序和空间组织单元，但人居环境是个极其复杂的系统，内部和外部都有相应的流动，互通影响，从而导致空间发展动力机制的形成，进一步影响空间发展模式和布局模式的内容。空间发展的动力机制有更大城市的各类优秀资源、现代交通的区位和优美景观环境的吸引力等。了解了发展的动力后，在空间布局的相互影响下，地区进行统筹考虑，展开一体化的概念性规划设计。

一方面，研究规划区域和周边相关地区的关系，统筹安排大区域人居环境的空间布局；另一方面，确定规划范围内的空间结构，合理安排各类空间用地的总体布局关系，分别深入确定其位置、性质、范围和建设内容等概念性规划方案。宏观层次的规划可能会侧重经济、社会、生态、文明等内容在空间上合理、高效地落实；微观层次的规划，侧重空间的组织结构、人的空间体验、功能使用、场所精神的营造、公共活动的参与和优美环境品质的营造等内容的概念性设计方案。

5. 空间形态的设计

形态的变化是从城市结构产生的，是逐渐演化而来的，而城市结构更为核心的问题是生态、经济和技术、社会变化的影响，其反过来又影响城市的形态。

在平面布局方面，结合现状条件，分析研究建设项目的土地使用功能要求，明确功能分区，合理确定规划范围内建筑物、构筑物及其他工程设施相互间的空间关系，并进行具体地平面布置。

在交通组织方面，合理组织规划范围内的各种交通流线，避免各种人流、车流之间的相互交叉干扰，并对道路、停车场地、出入口等交通设施进行具体布置。

在竖向布置方面，结合地形，拟定规划范围内的竖向布置方案，有效地组织地面排水，核定土石方工程量，确定各部分的设计标高和建筑室内地坪的设计高程，合理地进行研究范围的竖向设计。

在环境保护方面，合理组织规划范围内的室外环境空间，综合布置各种环境设施，控制噪声等环境污染，创造优美宜人的室外环境。

在环境品质方面，结合功能、交通和竖向等布局要求，通过艺术化空间的处理手法，将研究范围内的图底空间进行形与形、形式与空间、空间组合与秩序、比例和尺度的关系研究，创造出诗意的空间。

在技术经济分析方面，核算规划设计方案的各项技术经济指标，满足有关城市规划等控制要求；核定规划范围的室外工程量及造价，进行必要的技术经济分析与论证。

6. 公众参与的过程

对于不同阶段的规划设计方案应进行必要的公众参与和专家咨询，满足经济、社会和生态环境的综合协调要求。强调规划过程以及居民直接且平等地参与整个过程的重要性，在交流和认可的理性基础上达成协议和共识的规划成果。

7. 实施效果反馈

规划设计方案在实施一段时间后，要针对变化的环境和动态的发展进行效果评估，完成规划的开放式闭环。规划没有所谓的起点和终点，应是一直处于动态平衡的状态，及时调整反馈的焦点问题，形成一个良性循环。

4.8 人工环境与自然环境结合

人居环境有不同的空间和层次，有偏向人工环境，也有偏向自然环境，最终还是从整体性和系统性出发，寻求人工与自然平衡，城市和园林协调、城乡一体发展。在空间艺术形象的创造上，讲究立意、意匠和随意赋形，创造与人共鸣的精神境界，达到人居环境“天人合一”的目的。如钱学森提出的“山水城市”理论，突出规划区有山有水的典型地段，自然与人文相结合，具有诗情画意、场所意境与形象特色。

城市设计、风景区规划、景点的设计除了全局规划外，还要把力量集中在“关键地段”上。规划设计工作者需要有宽阔的胸襟、即兴的豪情，才能“振衣千仞冈，濯足万里流”，把这种山水感情落实到环境的建设中。关键地段找准了，创作的主题找准了，“意境”形成了，再精心推敲形式，就可以形成城市典型地区的典型特色。用古人的话，叫作“妙造自然”。

“碧翠镂金”境界、1958年“大地园林化”，甚至2022年成都探索的公园城市，均体现了“天人合一”的哲学思想。“天人合一”，追求人的建筑与自然的建筑相和谐，浑然一体。

1．审势造形

在所有的空间层次中，空间形态在维持空间结构的秩序上，做到“千尺为势，百尺为形”，即把握不同尺度空间内构图重点的不同。在宏观的区域层次，要巧借自然山水的宏大气势（即“审势”）；在城市、社区层次，则要有艺术空间和空间组织的推敲（即“造形”）。

2．巧借技法

人居环境日趋复杂，需要交叉学科的理论和后现代主义的设计思潮作为指导。凯文·林奇（Kevin Lynch）在《城市意向》中提到“城市五要素”，即边缘、区域、节点、标志、道路。从区域到城市，大江大河、田野、奇山异石，都可以巧于因借。从城市到社区，平面布局和空间组织均借鉴其核心理念，构建符合当地居民的认知地图，创造宜人的人居环境。

“新城市主义”思潮，有TND和TOD两种模式。如TND模式是基于原来的邻里单位演变而来，主张适度密集开发，强调土地、人口的混合和多元化的住宅形式，创造街道、广场及社区活动场所等有意义的空间，并加强步行的可达性。而鼓励和建设多种交通方式、狭窄的网络型街道，则是TND模式的基础（图4-8-1）。

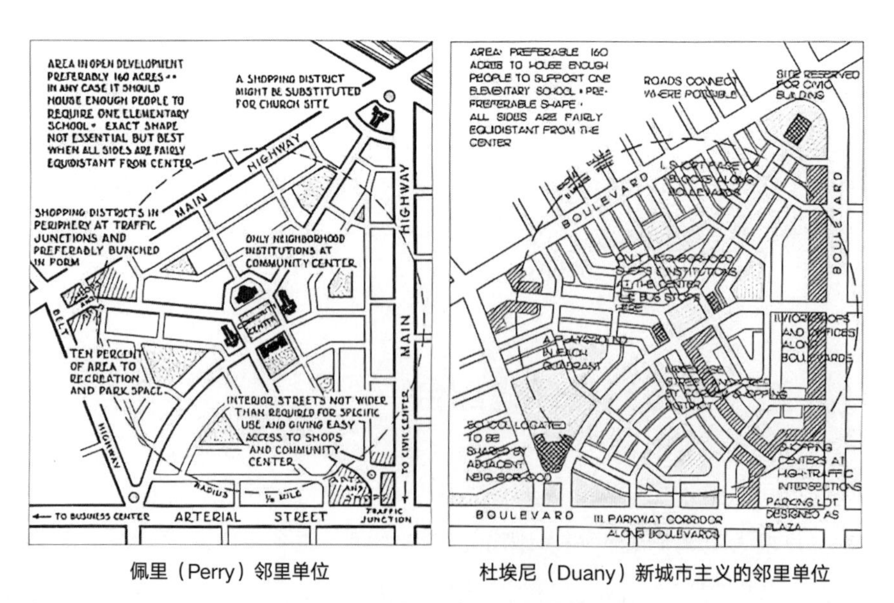

佩里（Perry）邻里单位　　杜埃尼（Duany）新城市主义的邻里单位

图4-8-1 “新城市主义”思潮模式

（来源：朱家瑾《居住区规划设计》）

中国传统人居环境设计的方式，也是值得我们借鉴的内容。如中国古典园林中住宅与园林的高度契合，需要我们通过图解和转译，既要符合现代的使用，又要满足艺术造景的手法。吴良镛认为，只有“胸中山水奇天下”（齐白石山水专题画展名），才能做到规划、建筑、园林的作品奇天下，这与亚历山大所说的“建筑的核心基于感觉”是一致的。因此，所谓的“巧借”技法，需要吸收中西方的精华，具备认识自然美的能力，胸怀自然美的境界，才能达到画论中所谓的“迁想妙得”“随意赋采”。

3. 精彩纷呈

经历了现代主义“千城一面”的困境，设计师们开始寻求社会文化意义的探究，以此拉开了后现代主义思潮的帷幕。吴良镛在《北京宪章》中提到“一法得道，变化万千”，说明设计的基本原则（道）是共通的，形式的变化（法）是无穷的。规划设计要基于设计范围的自身条件，归依基本原则，因地制宜，顺理成章，才能创造更为丰富的多样性。

【思考题】

1. 你认为理想的可持续人居环境是怎样的？
2. 中国传统人居环境的核心理念是什么？
3. 未来智慧人居环境的规划方向是什么？

第5章 建筑

ENVIRONMENT

5.1 建筑及其基本要求

5.1.1 建筑

建造房屋是人类最早的生产活动之一。它是一件耗费大量材料、人力，具有较高技术要求的工作，是人类社会的一项物质产品。但与普通工程项目不同的是，建筑的目的在于为人的各种活动提供良好、适宜、美观的环境，是调和人与社会、人与自然之间关系的产物（图5-1-1）。

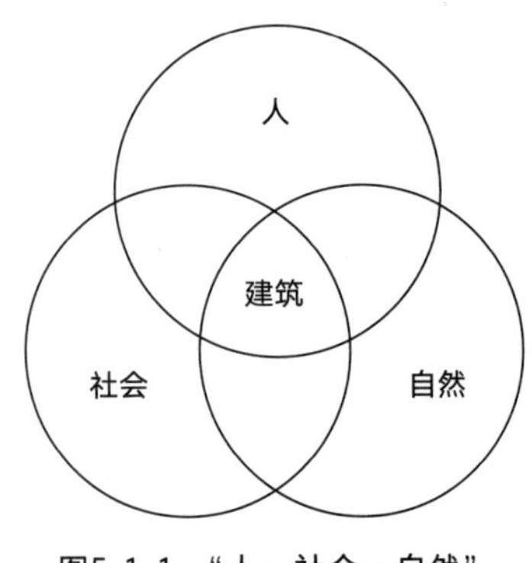

图5-1-1 “人—社会—自然”——建筑的属性

建筑所表现的造型风格、环境气氛、空间意境乃至材料色彩、装饰细节等，都给人以潜移默化的熏陶和影响，从而丰富了人们的艺术素养。建筑不同于音乐、美术、文学等艺术门类，其实用价值往往占据主导地位，且耗费巨大。建筑既是一种技术产品，又是一种艺术创作，是人类艺术宝库中一个独特的组成部分。

建筑是人类“聚居”的基本载体，是人类居住活动的现象、过程和形态。整个聚居环境不是房子与房子的简单叠加，而是人们多种多样的生活和工作场所的呈现。因此，看待建筑要坚持整体性观念，不可脱离外部环境。

5.1.2 建筑的基本要求

各种类型的建筑都应该满足其基本的功能要求。主要包括：

（1）人体活动尺度要求，即人体工程学的要求。

（2）人生理安全与舒适的要求，如建筑物的朝向、保温、隔热、防潮、通风、隔声、采光、照明等。

（3）功能的要求，指在一定功能的要求下，空间的大小、形状、围护、空间联系、设施和技术设备等。

（4）流线的要求，要满足使用者在建筑各空间之间通行、疏散所需的具体通行能力，对流程要求较高的建筑须遵循一定的顺序和路线，保证人的活动有序和顺畅。

此外，具有特殊使用功能的建筑均有其特别的要求。如观演建筑注重视觉和听觉要求，如音乐厅、剧院、电影院等。图书馆、档案馆等建筑，注重文件资料的存储、外借和管理。实验室注重温度、湿度的要求等。

5.1.3 建筑的组成

1．建筑与结构

结构是建筑的骨架，它为建筑提供合理使用的空间，并承受建筑物的全部荷载。梁板、柱、拱券结构是人类最早采用的结构形式。现代出现了桁架、钢架、悬挑、壳体、悬索、充气

图5-1-2 岭南地区“蚝壳墙”民居

图5-1-3 广西文化艺术中心的光影韵律

等结构。新结构形式提供了更为多元化的人居空间形态。

2. 建筑材料

建筑材料的使用要考虑材料的物理性能和艺术效果。物理性能包括强度、硬度、密度、传热、吸湿等，艺术效果包括质地、色彩、纹理等。用材的原则是“因地制宜，材尽其用”，如绿色建筑有减少材料远距离运输的要求，以及材料循环利用的要求。乡土建筑，除了使用石材、木材、生土材料外，各地因地制宜，取用了各种地域性建筑材料，如南海地区采用珊瑚石砌筑墙体、岭南地区的“蚝壳墙”等（图5-1-2）。

3. 建筑形象

建筑形象即建筑的观感或美观，其遵循的形式美原则包括：比例、尺度、韵律、均衡、对比、稳定等。比例指建筑的大小、高矮、长短、宽窄、厚薄、深浅等，以及建筑整体和各个部分之间的比例关系。建筑所呈现的比例与其功能内容、技术条件、审美观点等有着密切的联系。尺度指建筑与人体之间、与建筑各部分之间的大小关系，人们习惯用生活中熟知的物品作为衡量尺度的大小，如门窗、栏杆等。比例的失衡容易造成人的视错觉。韵律指有建筑元素、光影等有规律地排列和重复的变化，犹如乐曲的旋律与节奏，如柱廊、排架、重复出现的门窗、阳台等。均衡指建筑的各个部分之间在形态、体量等方面形成安定、平衡和完整的感受，易通过对称布局取得。对比指通过比较手法达到强调或夸张的作用，通常在双方的某一同类因素之间开展，如形状、质地、方向、明暗、虚实等。对比反面是调和，常用于营造和谐统一的视觉形象。稳定指建筑物形体重心不超出底面的视觉感受（图5-1-3）。

5.2 建筑空间

空间是由物体与感觉它的人之间产生的相互关系而形成的。空间是容积，与“实体”相对存在。人对空间的感知是借助实体对比得到的。人们通常通过围合或分隔的方法构建自己所需的空间。空间的封闭和开敞是相对的。不同形式的空间，使人产生不同的感受。建筑空间是一种人为的空间。建筑围护结构（由屋顶、楼地面、墙体、门窗等组成）围成建筑的内部空间。

建筑围护结构以外，与周围其他实体（如山川、建、构筑物等）组成外部空间。

取得合乎使用需求的空间是建造建筑物的根本目的。强调空间的重要性和对空间进行系统研究，是近代建筑发展的一个重要特点。随着建筑功能的复杂化，建筑内部空间的形状、大小、数量、相互关系等需要进行权衡与合理安排。建筑的空间组织是建筑功能的集中体现。相比古典建筑，人们更倾向于把建筑视为一种造型艺术。近代建筑认为，建筑是由空间与人的活动组成的时空艺术。

5.2.1 空间的大小与形状

从平面上看，空间的大小应考虑该空间中人的活动尺寸和家具的布置。形状以矩形居多，根据使用功能需求，又有圆形、半圆形、三角形、六边形、梯形等形状。

从剖面角度看，空间的层高和形状会受该空间的使用功能与艺术需求的影响，如重要的公共空间往往需要较高的层高，音乐厅等观演建筑因声学需要，空间形态往往采用不规则的模式。

除此之外，空间的大小和形态还受建筑的朝向、采光、通风、结构形式、总体布局等多种因素的影响，需要进行综合考量与合理组织（图5-2-1）。

图5-2-1 石家庄城市馆内部空间

5.2.2 建筑空间的处理手法

1．空间的组织

从人的活动需求看，空间可以分为：流通空间和滞留空间、公共空间和私密空间、主导空间与从属空间。从空间的组织形式看，可分为：并列关系、序列关系、主从关系、综合关系。

（1）并列关系：所有空间功能相似，常常并列排布在一起，如宿舍、教室、办公空间等（图5-2-2）。

（2）序列关系：各空间在功能组合上有明确的先后顺序要求，如候机楼的登机与到达部分、工业建筑中生产流水线部分、纪念建筑与展示建筑中的叙事流线等（图5-2-3）。

（3）主从关系：各空间在功能上相互依存，且有明显的主次隶属关系，从属空间多围绕在主干空间周围，如图书馆的书库与门厅、阅览室、管理用房等之间的关系（图5-2-4）。

（4）综合关系：实际工程往往是多种空间组合形式的综合，如大型旅馆建筑中公共部分的大厅、商店、餐厅等为主从关系，客房部分则为并列关系（图5-2-5）。

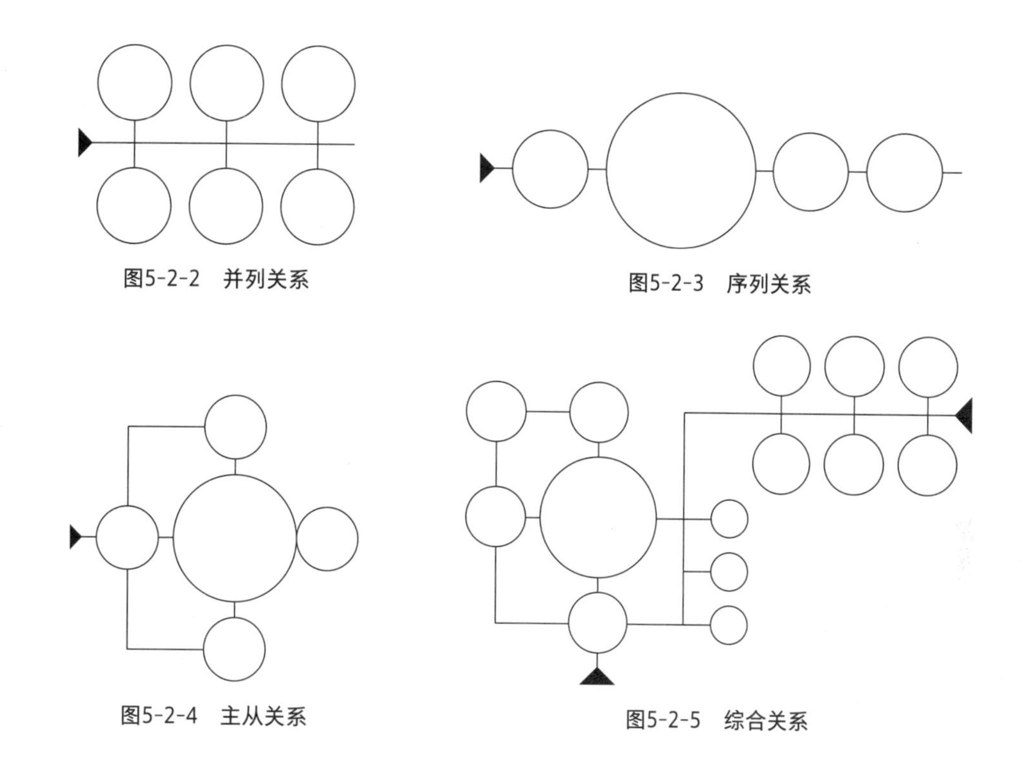

图5-2-2 并列关系

图5-2-3 序列关系

图5-2-4 主从关系

图5-2-5 综合关系

实际工程设计中，应根据功能需要适配合理的空间组合模式，同时综合考虑环境、技术、艺术、经济等多种因素，因地制宜、灵活适应，以寻求最合适的方案。

2. 空间的限定与形状

空间与实体相互依存，通过实体的限定形成空间。这些实体可分为垂直要素和水平要素。垂直要素包括墙、柱、栏杆等垂直构件，水平要素包括顶面、地面等。通过处理两个或多个相邻空间的关系，实现空间的围合与通透。强化空间的穿插与贯通，可以带来更多空间划分的灵活性，形成强弱程度不同的联系，增强空间的层次感和流动感。如建筑空间的垂直贯通，可形成若干层通高的大空间（图5-2-6）。

图5-2-6 广西桂林市全州县游客集散中心

（来源：广西城乡规划设计院）

3．空间的导向与序列

空间的导向是指建筑设计中通过暗示、引导、夸张等建筑处理手法，把人流引向某一方向或某一空间，从而保证人在建筑中有序活动的设计方法。序列是建立空间秩序的一项重要手段。使其在流线上的空间变化如同乐曲一样，有序曲、高潮、尾声。时间是序列中的重要组织原则。人在建筑空间活动时，随着位置与时间的变化，从而获得连续又不断变化的视觉和心理体验。

5.2.3 空间与人的行为

公共空间中的户外活动可以划分为三种类型：必要性活动、自发性活动和社会性活动。必要性活动指人们不同程度上都要参与的活动，如日常工作和生活事务。这一类型活动大多与步行相关。自发性活动指只有在人们有参与的意愿，并且在时间、地点可能的情况下才会产生，还需要适宜的户外条件支持。当户外空间的质量不理想时，就只能发生必要性活动。当户外空间具有高质量时，人们停留在户外的时间会延长，大量自发性活动随之发生。社会性活动指公共空间中有赖于他人参与的各种活动。社会性活动多数情况下由前两种活动连锁引发。

建筑师和规划人员通过设计物质环境，影响人们相遇以及观察和倾听他人的机遇，使公共空间富有生机与魅力。公共空间中人的活动总是吸引着另一些人。观看与聚集行为随之发生，活动的可能性随之提升。户外活动的内容和特点受物质规划的影响很大。户外环境质量越高，人们在户外逗留的时间越长，户外活动的内容也就越丰富（图5-2-7）。

图5-2-7 历史建筑空间与生产性活动

5.3 建筑环境

建筑用地的形状、大小、地形、地貌、景观、朝向等因素构成了建筑环境的现实条件。这些条件对建筑的空间、形式与功能产生了直接影响。建筑应对外部环境的基本原则是趋利避害，具体体现在：

（1）积极应对不利因素，如不利朝向、恶劣气候等，以满足基本使用需求。

（2）充分利用有利因素，如阳光、景观、主导风向等，以提高空间使用品质。

（3）尊重并积极协调周边环境，塑造更为和谐的人居环境。

5.3.1 地段要素分析

建筑为应对其所处地段的环境趋利避害，在建筑的功能布局、空间设计、形式处理、流线组织等方面应采取相应措施，具体包括：

1. 朝向

冬天避免风寒并获取充足的日照，夏天防止暴晒并能通风散热。受地理位置、山川地势走向、季节主导风向等因素影响，我国大部分地区以南向为优选朝向，既可以争取优良的日照，又可以利用夏季东南风强化室内通风，达到散热、除湿的目的。在我国北回归线以南的地区，北向的房子也可获得阳光的照射，因此北向也可以作为适宜的朝向。

2. 地块形状

规划用地地块形状对建筑布局与形状有重要的影响。顺应地块形状组织建筑布局，设计建筑平面轮廓，可使建筑与地段环境相互协调，形成较好的街道形态。外部交通条件与建筑出入口的位置对地块规划存在影响，需预留合理的集散广场、后勤场地、绿化空间等。同时，需满足城乡规划设计对规划用地边界退让的要求。如华裔建筑师贝聿铭设计的位于美国华盛顿的国家美术馆东馆，他的设计顺应了地块形状和周边历史建筑外立面，在功能与形式上求得了很好的统一。

3. 平坦环境

地势平坦的环境具有交通便捷、易建设、土方平衡等优势，能使建筑在多个方向上充分延展，形成水平舒缓的空间审美意向。建筑布局、流线组织灵活，易于营造高品质的外部空间。

4. 山地环境

山地环境中，可以凭借山势获取多样的观景视角。可凭借高度和地势屏障，拉开与地面喧嚣环境的距离，形成安静、私密的空间氛围。建筑可依山就势布局，借地势起伏形成丰富多样的形体与空间组合。但山地环境中需通过不同高程的水平空间组合，重点解决高差对交通造成的阻碍。山地环境中，可平行于等高线布置建筑，对山体影响小，建造相对经济。建筑规模大时，可连接成片，如六甲山集合住宅。也可通过架空或筑台等手段，在山地上营造平坦的地面，以用于建筑。

5．滨水环境

滨水环境是指接近水体，与水为邻，以及能够观赏到水景的地段。水景是重要的造园组景元素。流水的动态、光影、声音等都可成景。一方面，滨水环境中的建筑要充分利用水景视觉资源，选择优良的观景视角；另一方面，建筑要与周围环境相协调，与水景形成相得益彰的组合。亲水设施的设计可为建筑提供更为活泼的元素（图5-3-1）。

图5-3-1 广西东兴市金湖体育公园
（来源：广西城乡规划设计院）

6．树木

树木对建筑可构成屏障，发挥防风、降噪、遮阴、阻隔外界视线等作用。树木的成长，其形态与色彩随四季而变换，并吸引动物、昆虫前往，形成虫鸣、鸟叫。在日照、风雨中，生发出光阴、风声、雨声等。树木冠幅以下易形成领域感。成行、成组、围合的树木可塑造不同的空间形态（图5-3-2）。

5.3.2 场所环境

特定场所环境往往具有相应的功能类型、空间结构、建筑体量尺度、形式风格等。建成环境中的所有元素一起构成了该环境的“场所精神”。建成环境中，建筑并非孤立存在，而是

图5-3-2 广西南宁明阳人工湿地科普宣教中心

（来源：广西城乡规划设计院）

归属于某一功能场所，如居住区、行政办公区、商业区、文化教育区，或广场、街道、园林景观等。这些场所的功能类型、空间结构、现有建筑尺度与形式等，构成了场所的环境（图5-3-3）。

图5-3-3 广西南宁“三街两巷”历史建筑更新为书店功能

5.3.3 地域文化环境

地域文化是由民族文化与地理特点长期融合形成的文化传统，往往具有鲜明的地域特征和生命活力。气候条件、物产资源、建筑材料等因素综合影响了地方传统建筑形式。地域文化构成了建筑的文化环境。该地区内有着相近的地理条件、气候特点、政治经济历史、传统文化和地方特有的建筑形式等。例如：徽州民居、客家围屋、侗族村寨、云南傣族竹楼、四川藏民居石砌碉楼、北京四合院、苏州园林等。

5.4 气候与建筑

建筑外围护结构的主要作用是抵御或利用室外热湿作用，以便营造舒适或容易控制的室内热湿环境。我国幅员辽阔，地形复杂，各地气候特征迥异。在建筑外部，太阳辐射、空气温度、湿度、风、雨雪等室外热湿作用周而复始地发生；在室内，生产、生活散发的热量、水分等时刻发挥作用。在室内外环境的“夹击”下，建筑围护结构内部发生着复杂的热湿传递过程，使其性能实际上处于时刻变化之中。

因此，需要以综合的视角，通过建筑、规划设计的相应措施，有效地防护或利用室内外的热湿作用，合理地解决房屋的保温、隔热、防潮、节能等问题，配置适当的设备对室内环境进行人工调节，以创造良好的室内热环境，提高围护结构的耐久性，降低建筑使用过程的能耗，实现节能减排，创造优质的室内外人居环境（图5-4-1）。

5.4.1 室外热湿环境

室外热湿环境是指作用在建筑外围护结构上的一切热湿物理量的总称。空气温度、湿度、太阳辐射、风、降水、降雪、日照、冻土等都是组成室外气候的要素。

图5-4-1 体现气候适应性智慧的传统岭南园林——余荫山房

1．空气温度

空气温度的日变化、年变化呈现周期性特征。气温日变化因时因地而异。一般而言，日照强烈、气候干旱地区，温度日振幅较大；日照温和、气候潮湿的地区，温度日振幅较小。

2．太阳辐射

太阳辐射是地表大气热过程的主要能源，也是室外热湿环境各参数中对建筑物影响较大的因素。太阳光线经大气层吸收、反射、散射作用后，以直射辐射和散射辐射两种形式抵达地面。建筑应合理处置投射到建筑外围护结构表面的太阳辐射，以营造适宜的室内采光环境，并通过合理的遮阳手段，防止过多的太阳辐射进入室内。

3．空气湿度

空气湿度是指空气中水蒸气的含量。空气中的水蒸气来自地表水分的蒸发，包括江河湖海、森林草原、田野耕地等。水蒸气经冷却进入过饱和状态，进而从空气中析出，并悬浮于空气中，形成云雾、冰晶，下降成为雨、雪、霜、露、雾、霰、雹等降水现象。

4．风

水平方向的气流称为“风”。风的方向称为风向，以风吹来的方向定名。应分析当地高频次风向，合理组织建筑室外和室内通风，寻求室外环境具有均匀、合理的空气流场，室内各个房间均能具有充分的通风条件。

5.4.2 室内热湿环境

建筑应营造良好、舒适的室内热湿环境，以维持人体基本健康，保障人们得以正常学习、生产、生活。当热湿条件偏离舒适区间时，人体工作效率随之下降。当偏离严重时，人体将无法正常运作，甚至发生热安全事故。

人体通过新陈代谢产生能量，一部分用于人体做功，另一部分以热量的形式散失到周围环境中。人体散热有蒸发、辐射、对流三种途径。其中，蒸发散热由呼吸、皮肤无感蒸发、皮肤有感汗液蒸发等散热形式组成；辐射散热主要通过人体与周围环境间长波辐射换热完成；对流换热主要通过人体表面流动的空气完成。

当人体产热可以顺利散失时，体温可维持正常不变（约37℃）。在这种情况下，当人体散热总量中的25%～30%为对流换热、45%～50%为辐射散热、25%～30%为呼吸和无感觉散热时，人体为正常比例散热的热平衡状态，处于热舒适状态。

对于环境条件的温度变化，人体具备一定的生理调节能力。当环境过冷时，皮肤毛细血管收缩，血流量降低以减少散热；当环境过热时，皮肤毛细血管扩张，血流增多以增加散热量；尚无法满足散热需求时，皮肤通过出汗进行蒸发冷却，以重新争取热平衡。通过上述身体反应获取的热平衡称为“负荷热平衡”。

人体的生理调节能力是有限的，且随体质状况、有无基础病等因素各有不同，当外部热湿环境恶化到一定程度后，生理调节无法维持正常体温，若不能得到及时改善，有可能产生热安全问题，甚至危及生命。

5.4.3 热舒适的影响因素

室内热湿环境中的空气温度、相对湿度、气流速度和环境的平均辐射温度，均对人体热舒适有直接影响。个人的活动量、适应力、衣着情况等也会影响人体的热感觉和热舒适。

1．空气温度

空气温度的高低往往被用于“指示”冷热舒适感。供暖室内设计温度应符合：严寒和寒冷地区主要房间应符合18～24℃，夏热冬冷地区主要房间应符合16～22℃，夏热冬暖地区居住建筑夏季空调应符合26℃。

2．空气湿度

空气湿度影响着人的舒适与健康，过高的湿度都将加剧寒冷或炎热环境的不适感。空气湿度常用“相对湿度”进行表征。湿空气由干空气和水蒸气两部分组成。湿空气在不同的温度下，其所能容纳的水蒸气数量不同。气温越高，湿空气所能容纳水蒸气的能力越强，反之亦然。相应温度下，湿空气容纳水蒸气达到最高值时，称为“饱和湿空气”，若超过这一数值，水分将从空气中析出。相对湿度指，相应温度下湿空气中实际含有的水蒸气数值与饱和湿空气中含有水蒸气数值的比值，用百分比格式表达。相对湿度越小，空气越干燥；相对湿度越大，空气越湿润。相对湿度在60%～70%时人体感觉较为舒适。

3．风速

空气流动速度越大，身体表面的对流散热和水分蒸发程度越高。提高室内风速可在一定程度上补偿空气温度和平均辐射温度造成的炎热感。如在气温26～29℃范围内，可通过开窗通风、风扇吹风等手段进行调节，使室内热环境达到可接受的水平，以减少空调开启，实现节能。

4．平均辐射温度

温度高于绝对零度的物体，即在向周围空间发射长波辐射。处于室内的人体表面向室内发射长波辐射，同时也接收室内表面发射过来的长波辐射。若人体接收的辐射量大于自身发射的辐射量，则处于得热状态，并感觉到热感，反之亦然。

室内平均辐射温度近似等于室内各表面温度的平均值，决定了人体辐射散热的强度。如人在冬季寒冷天气下靠近飘窗等温度很低的位置时会感觉到冷的现象，就是因辐射失去热量造成的。为避免冷（热）辐射的不利影响，《民用建筑热工设计规范》GB 50176—2016规定了冬季墙体内表面温度与室内空气温差的限值和夏季外墙内表面的最高温度限值。

5．人体产热

人体通过持续发生的代谢，将生物能转化为机械能和热能。其中的热能部分时刻影响着人体热舒适水平。人体产生的热量因活动量和体质（较多体现为年龄、性别、民族等）的差异，二者有所不同。人在安静状态下产生的热量称为“基础代谢率”。人体代谢产热量的标准单位为1Met（Metabolic Rate，1Met=58.2W/m^2）[①]。

6. 衣着

衣着的保暖水平显著影响人的热感觉。衣着的热阻用“Clo”来表示，1 Clo指静坐或轻度脑力劳动状态下的人，在室温21℃、相对湿度不超过50%、风速不超过0.1m/s的环境中保持舒适状态的衣着热阻值，相当于0.155（m^2·℃）/W。

在上述要素的综合作用下，室内热环境可用“舒适、可以忍受、不能忍受”三种类型进行评价。一般而言，完全自然通风的房间是难以达到全年舒适的室内热环境的。在部分极端天气下，需要借助暖气和空调设备才能实现全年舒适。

5.4.4　室内热环境的评价指标

热舒适受多种因素影响，室内热环境各因素对人体热调节的作用是综合的，于是出现了衡量室内热环境的综合性指标。

1. 预计热指标（Predicted Mean Vote，PMV）

预计热指标（PMV）以人体热平衡方程式以及生理学主观感觉为基础，综合反映了人的活动、衣着以及环境的空气温度、相对湿度、平均辐射温度和室内风速的综合影响，是目前对人体热舒适相关因素考虑最全面的评价指标。

2. 标准有效温度（Standard Effective Temperature，SET）

设定这样一种“标准环境”条件：平均辐射温度与气温相同，空气相对湿度为50%，风速小于0.1m/s，人的衣着热阻为0.093（m^2·K）/W。当人体在实际环境中的活动量，与在标准环境中的活动量相同，并且具有相同的皮肤温度和皮肤湿润度时，此刻标准环境的温度就定义为实际环境的标准有效温度（SET）。例如：当前人所处环境的标准有效温度为25℃时，则意味着人此刻感受到的热环境与空气温度和平均辐射温度均为25℃、空气相对湿度为50%，室内风速小于0.1m/s，同穿便衣静坐休息时一样。

5.4.5　建筑气候区

民族和地区的自然条件对建筑的形成和发展存在影响。在技术不发达的古代，气候条件和自然资源的限制尤为明显，从而使各地区的建筑在结构形式、使用功能和艺术风格等方面展现出突出的地域特色。地区气候与地质的差异直接影响了建筑的内部布局和外观形象。

我国幅员辽阔，地形复杂，各地气候相差迥异。为保证不同地区的建筑在设计和建造过程中采取合适的手段与指标，以达到适用的室内环境，《民用建筑热工设计规范》GB 50176—2016划分了5个建筑热工设计区划，分别为：严寒地区、寒冷地区、夏热冬冷地区、夏热冬暖地区和温和地区。

---

① 58.2W/m^2 约为一名身高 177.4cm，体重 77.1kg，表面积为 1.8m^2 的成年男子，其静坐时的代谢率。

1．严寒地区

该地区建筑设计必须充分满足冬季保温要求，一般可以不考虑夏季防热。典型城市如：哈尔滨、齐齐哈尔、长春、吉林、沈阳、辽阳、西宁、海东、乌鲁木齐、吐鲁番等。

2．寒冷地区

该地区建筑设计应满足冬季保温要求，部分地区兼顾夏季防热。典型城市如：鄂尔多斯、北京、天津、济南、太原、石家庄、郑州、徐州、西安、银川、拉萨等。

3．夏热冬冷地区

该地区建筑设计必须满足夏季防热要求，适当兼顾冬季保温。典型城市如：南京、上海、合肥、杭州、南昌、荆门、长沙、陇南、汉中、重庆、成都、桂林等。

4．夏热冬暖地区

该地区建筑设计必须充分满足夏季防热要求，一般可不考虑冬季保温。典型城市如：广州、南宁、海口、深圳等。

5．温和地区

部分地区的建筑设计应考虑冬季保温，一般可不考虑夏季防热。典型城市如：贵阳、昆明等。

除此之外，我国南海地区的岛屿、礁盘、浅滩上也有人居环境的建设需求。该地区长年热湿，全年皆夏，属于极端热湿地区。该地区建筑设计须重点考虑防热、遮阳。典型城市与地区，如三沙市永兴岛、永暑岛等。

5.5 地貌与建筑

5.5.1 山地环境

山地城镇在我国量大面广，具有特殊且重要的战略地位。由于特殊的地形地貌，决定了山地城市具有丰富的景观风貌和生态格局。

对山地生态环境的充分认识和系统的山地城镇景观理论指导，使山地城镇景观建设难以因地制宜地适应千姿百态的山地生态环境要求。山地城镇景观具有鲜明的个性和地方风貌。山地城市景观是由城市开放空间系统、城市绿地系统、城市水系统、城市景观设施及标志物系统构成的有机复合系统（图5-5-1）。

5.5.2 滨水环境

水是人类生存和城市发展的基本要素之一，影响着城市的选址与发展，以及居民的生活、生产与休闲方式。历史上为数众多的城镇都因水而生。滨水空间给予了许多城市发展的动力，同时也塑造了这些城市的个性和面貌。

水体类型主要分为海洋、江、河、湖泊、溪流以及小型人造水景等。设计滨水空间时，应重点处理空间形态、水体类型、周边环境、建筑密度、平面形态、剖面形态、城市形态、空间特色、景观元素等关键部分。其中，临水空间是从滨水建筑界面到水面之间空间的总称，包括水体、水岸景观绿化和各种公共活动空间，是滨水空间中的关键环节。建筑界面应与临水空间建立起紧密的视觉联系（图5-5-2）。

图5-5-1　南方山地聚落

图5-5-2　城市滨水空间

5.6 绿色建筑

在建筑的整个生命周期过程中，大约消耗了50%的能源、48%的水资源，排放了50%的温室气体以及40%以上的固体废料。发达国家从20世纪70年代的建筑节能逐渐发展过渡为20世纪90年代的绿色建筑。

绿色建筑指在全寿命期内，节约资源、保护环境、减少污染，为人们提供健康、适用、高效的使用空间，最大限度地实现人与自然和谐共生的高质量建筑。所谓全寿命期，指包括建筑的物料生产、规划、设计、施工、运营维护、拆除、回用和处理的全过程。

绿色建筑的设计应遵循因地制宜的原则，结合建筑所在地域的气候、环境、资源、经济和文化等特点，对建筑全寿命期内的安全耐久、健康舒适、生活便利、资源节约、环境宜居等性能进行综合考虑。绿色建筑应结合地形、地貌进行场地设计与建筑布局，且建筑布局应与场地的气候条件和地理环境相适应，并应对场地的风环境、光环境、热环境、声环境加以组织和利用。

绿色建筑设计策略大致可分为被动式设计策略和主动式设计策略。被动式设计策略主要是指建筑设计所采用的合适朝向、蓄热材料、遮阳装置、自然通风等策略的设计类型。这些策略更多的是被动接受或直接利用可再生能源，没有或者很少采用机械和动力设备。主动式设计策略则主要涉及依赖于化石等不可再生能源而使用的空调和照明系统，也包括利用太阳能、风能等转换电能的方式，以及依赖于辅助机械和动力设备的太阳热能利用设备。建筑师在创作中应注重挖掘和借鉴本土被动式设计策略，体现地域性绿色建筑特点，不能简单地成为各种主动技术与资源、能源获取方式的堆砌。

5.7 城市建筑与环境

5.7.1 城市设计

城市设计是对城市体型环境所进行的设计，一般是指在城市总体规划指导下，为近期开发地段的建设项目而进行的详细规划和具体设计。城市设计的主要类型有：

1．城市有形空间设计

源于传统建筑学和形态艺术对城市三维空间的设计，主要针对与人们工作、生活、游憩相关的场所，及其后续的维护和管理等方面进行的设计。城市空间包含人类生活和社会的意义。相对于传统的城市规划，城市设计偏重三维立体的、景观上和城市结构形式上的设计，塑造城市环境中丰富的人类生活系统。

2．城市艺术设计

此类城市设计是一种社会艺术，是为人们创造场所的艺术，用于创造性活动，设计、修改和控制城市环境的形式和特征，体现地方特色，常常着眼于环境结构及形态的完美性和生动性的创造。

3．城市公共领域设计

针对城市公共领域的物质设计，以塑造公共空间为主要目的，是建筑形式与开放空间在社区环境中的集合，是相对于“私人领域”而存在的。

4．城市功能组织设计

城市是由建筑和街道，交通和公共工程，劳动、居住、游憩和集会等活动系统所组成，城市设计是将这些内容按功能和美学原则组织在一起，是对于一个广阔地区内的活动和物体的总体空间布局，关键在于如何从空间安排上保证城市各种活动的交织，从城市空间结构上实现人与人、人与自然的和谐共生。

5．关注人本的城市设计

以人为本，注重文脉，强调人的体验，首先处理人与环境之间的视觉联系和其他感知关系，重视人们对时间和场所的感受，以创造舒适与安宁的环境。

6．关注实践操作的城市设计

注重与实践的衔接和实际的操作方式，将城市设计作为城市发展社会进程中的一个环节。城市设计不再是单纯的创作，而是在融合科技信息技术之后，注重政策的实施与反馈，甚至是一个社会变迁过程的体现。作为一种公共政策的连续决策与实施，对城市整体进行动态塑造，常通过公众参与、社区设计运动等模式开展工作。

5.7.2 城市更新

城市更新指用一种综合的、整体的观念和行为来解决各式各样城市问题的科学方法，应该致力于在经济、社会、物质环境等各个方面对处于变化中的城市地区作出长远的、持续性的改善和提高，以审慎、明智与和谐的发展模式，通过保护、修复、再利用以及再开发等手段，对城市整体环境进行提升。

城市更新理念的发展，经历了第二次世界大战以后，至20世纪60年代初的“推倒重建”，20世纪60～70年代末的“邻里修复”，20世纪80～90年代初私人开发商主动参与的更新，以及20世纪90年代以来社区广泛参与“自下而上”的更新。

城市更新的重点从20世纪50年代以物质环境改造为主，转变为多方参与的、综合性的、可持续性的动态改造更新模式。

【思考题】

1. 建筑应如何更好地服务人的需求？
2. 建筑如何实现气候的适应性？
3. 城镇与乡村人居环境有哪些主要异同？对人的生活方式产生了何种影响？

第6章 风景园林

ENVIRONMENT

6.1 风景园林实践对象与范畴

经过数千年的发展，风景园林内涵和外延不断丰富和拓展，风景园林实践对象包括区域绿色空间、大众游憩欣赏的城乡绿地，维持生态平衡的绿地生境等，从宏观、中观、微观层面探索有效保护和修复人类生存所需的室外与自然和谐共生的境域，创造人类生活所需的户外人工境域，用科学和艺术的手段实现“人天和美”与美好人居环境。

6.2 绿色基础设施建设

6.2.1 绿色基础设施缘起与发展

1．概念的缘起

20世纪末，美国等西方国家开始出现城市用地向城市外围和郊区扩张，城市蔓延现象逐渐显现。第二次世界大战结束后，在高速城市化的进程中，出现了大规模的居民住宅郊区化，加之工业园郊区化，城市急剧蔓延。随着城市化进程的不断加速，大量的土地、水等自然资源被肆意开发利用，对于基础设施等人工资源的需求也在不断增加，城市的无序增长与蔓延带来的影响成为当下亟待解决的问题。

由于土地被人为无序占用开发，生态基底大面积减少；同时，全球城市化进程带来了环境污染、资源匮乏等城市人居环境等问题，破坏了原有的生态平衡，引发了严重的生态危机，人居环境质量面临巨大的挑战。

在这样复杂的大背景下，1990年美国马里兰绿道运动中，美国可持续发展委员会首次提出了“绿色基础设施”这一概念，将绿色基础设施作为系统性和整体性保护土地、水等自然生态要素的战略保障，促进了城市的可持续发展。同年8月，美国成立了“绿色基础设施工作组”，该工作组明确了绿色基础设施这一概念的界定，即绿色基础设施作为国家的生命支持系统，是指彼此间相互联系的绿色空间网络，由多种用于维持物种多样性、保护自然生态过程的自然区域和为提高社区及人民生活质量的开敞空间组成，具体包括水域、森林、湿地、野生动物栖息地等自然区域，绿道、公园、农场、牧场等荒野和开敞空间。绿色基础设施的主要目的是建立人居环境中的绿色空间网络，在创建高效土地利用方式的同时，改善生态环境，维护城市的可持续发展。

2．相关理论的发展

虽然“绿色基础设施”这一概念是在20世纪90年代中期才正式提出的，但以美国、英国为首的西方国家在一百多年前就已开始进行相关的自然规划与保护运动了，尝试运用绿带、公园系统、生态网络、绿道等模式构建生态稳定的绿色空间网络。

1）绿带

19世纪中期，埃比尼泽·霍华德提出了“田园城市”的概念以控制城市的蔓延和增长，他在《明日的田园城市》中设想在城市外围建设供农业生产使用的永久性农业地带，抑制城市的无序扩张。1933年，恩温（Unwin）在伦敦规划建设中提出“绿色环带”规划方案，该绿带在伦敦城区外围呈环状围绕，宽3000~4000米，用地类型包括林地、农田、公园、自然保护地、果园、苗圃教育科研用地等，不仅成为伦敦农业与游憩用地，也可以有效地控制城市扩张对周边农田与自然绿地带来的影响，保护区域生态环境。绿带的概念影响了很多城市的绿地规划实践，如大伦敦规划、渥太华规划、柏林城市绿地规划等，其是一种优化城市布局与城市区域空间形态的生态保护策略，在控制城市增长、保护乡村景观和粗糙城乡土地格局等方面起到了重要作用。

2）公园系统

19世纪80年代，弗雷德里克·劳·奥姆斯特德（Frederick Law Olmsted）等人作为美国第一代城市风景园林师，认识到了城市快速发展带来的环境恶化、整体性破碎，城市建设缺乏个性和舒适性等问题，继而提出了城市公园向公园系统方向发展的理念，并相继进行了美国布法罗公园系统、肯萨斯公园系统、明尼阿波尼斯公园系统等城市内部的公园体系的规划实践，增强了城市的舒适性，促进了城市建设的良性发展。之后，弗雷德里克·劳·奥姆斯特德等人又规划并建设了一个跨区域范围的广域公园系统，即波士顿公园系统，总长16千米，面积约800公顷。波士顿公园系统以保护自然水体为核心，串联水体周边的湿地、综合公园、植物园、公共绿地、公园路等多种功能的绿地，形成了一个兼具生态和休憩功能的绿色空间网络系统（图6-2-1）。弗雷德里克·劳·奥姆斯特德在《公园和城市扩张》中提出，我们已进入一个发展的时代，生活取决于方便、安全、秩序和经济。但这些要素不可能独立发展，只有同步

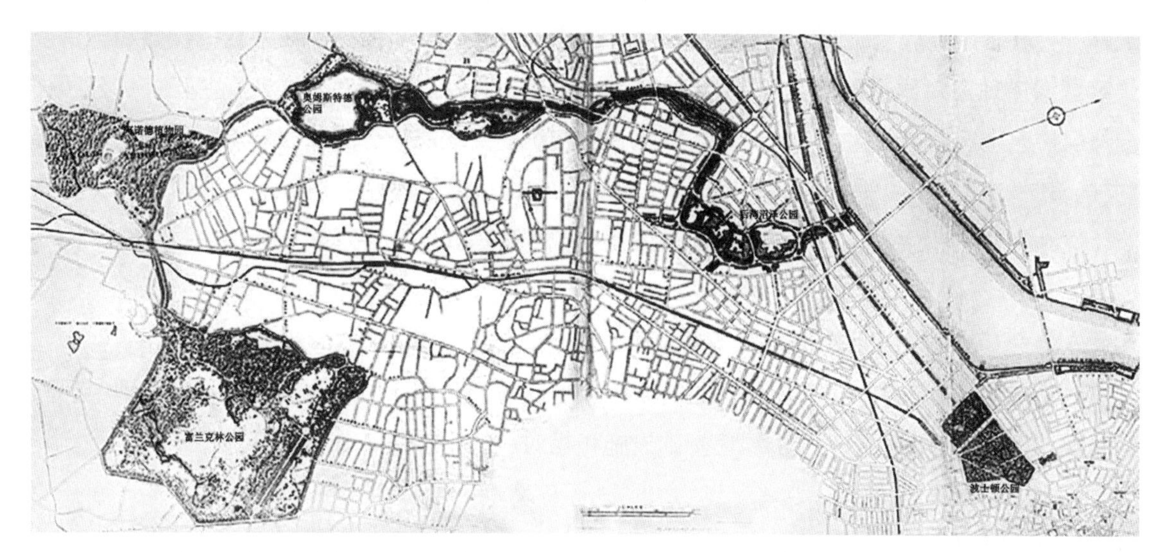

图6-2-1　查尔斯·威廉·艾略特在弗雷德里克·劳·奥姆斯特德方案基础上完善的马萨诸塞州波士顿大都市公园系统
（来源：朱利叶斯·朱拉·法伯斯《美国绿道规划：起源与时代案例》）

发展才会获得有价值、明智和舒适的城市生活。公园系统理念不只是优化城市建设，更多的是将城市和区域中各类自然与人工要素的整合，将绿地系统与城市生活有机结合，构建了连续开放的空间体系和区域发展结构，有效地引导了城市的有序发展。

3）生态网络

生态网络是从生态学角度提出的一种土地利用的规划方法，这一概念最初出现在20世纪初的欧洲与北美，目的在于重新建立人类活动与自然的生态一致性。随着人类基础设施的与日俱增，自然廊道与栖息地逐渐减少、消失并被孤立，两者的自然关系逐渐衰退，生态网络的构建可以将两者关系重新连接，实现平衡。生态网络由自然保护区和其之间的连接组成，包括核心区域、缓冲带和生态廊道三种组成元素，将原有破碎的自然系统重新串联并形成一个有机的整体，以维持整个生态网络的动态平衡性、稳定性和整体性，提高了物种的丰富度。

生态网络这一方法被广泛运用于欧洲和北美的规划设计实践。北美的生态网络规划实践主要侧重于对自然保护区、历史文化遗产以及国家公园等生态网络的建设，大多以游憩和风景观赏为主要目的。而欧洲的实践则侧重于生物多样性的维持、野生生物栖息地的保护以及河流流域的生态恢复等方面，主要目标为生物栖息、生态平衡和流域保护。

4）绿道

绿道这一概念起源于19世纪末20世纪初的美国，美国景观学与生态学方面的专家与规划师倡导通过构建区域绿道网络抑制城市无序蔓延，并实现经济式社区的复兴。查理斯·莱托（Charles Little）将绿道定义为沿着自然或人工要素，如河流、山脊线、铁路、运河或道路的线性开放空间，它将自然生态区、风景名胜区、游憩地、文化遗址区连接成体系。绿道也可以理解为，为了生态、休闲、文化、美学等多种用途而规划、设计和管理的由线性要素组成的土地网络。它是一个可持续的，平衡自然保护和经济发展的线性空间系统。在目前城市建设中，绿道的规划设计不仅局限于城市内部，还兼顾城市与乡村的联系，从城市延伸到乡村，一直到旷野，打破了城乡界限，使其相互融合，成为生态、社会、文化的绿色线性载体。如我国首条跨区域绿道珠三角绿道网的实践，建设6条区域绿道，将珠三角地区200多处主要森林公园、自然保护区、风景名胜区、郊野公园、滨水公园和历史文化遗迹等的发展节点串联成网，连接“广佛肇”“深莞惠”“珠中江”三大都市区，解决了珠三角结构性生态廊道保护体系缺失的问题，推动了珠三角生态保护和生活休闲一体化及城乡建设。

6.2.2 绿色基础设施构成与类型

对于绿色基础设施机器所提供的生态系统服务，可划分为多种尺度范围，从宏观到中观再到微观，不同尺度范围所对应的绿色基础设施和相对应的生态服务分类如下：

1．宏观尺度

1）中心控制点

中心控制点是人类和野生动物的主要栖居地，是整个绿色基础设施系统中的生态核心，也是绿色基础设施网络空间中发生的自然过程的起点、过路点及终点。中心控制点根据其性质的不同，形状与规模也不同，根据相关论述，包括以下五种类型：（1）明确受保护的重要自然地，如国家级野生动植物保护区、保护某类特有生态系统为主的自然保护区等；（2）大面积公有土地：国民共有的兼具自然保护和游憩功能的国有土地，如国家公园等；（3）私有生产地：如私人果园、林地、耕地等；（4）城乡公共绿地：兼具自然资源保护与为居民提供休闲服务的公园或开放空间；（5）可再生土地：因人为过度开发利用导致生态破坏，经修复可再生的土地，如垃圾填埋场、矿坑等。

2）连接通道

连接通道作为绿色基础设施系统中的联系纽带连接各类中心控制点，保证整个生态过程有效、顺畅地流动，具有维持生物过程、保障生物多样性的作用。根据连接的内容不同，有两种类型的连接通道。一种为功能性自然系统连接通道，将自然保护地、湿地、公园、岸线等用地连接成网，形成生态稳定、发展平衡的自然网络结构，更注重生态性；另一种则为支撑性社会功能连接通道，除了优化生态环境外，还可以进行外延，将文化要素、社会要素等纳入连接网络，更加注重功能性与经济性。

3）场地

场地是指规模与范围小于中心控制点的独立空间，它不一定需要连接到网络系统中，但它作为重要的生物栖息地和居民休闲娱乐场所，同样具有重要的生态价值和社会服务功能（图6-2-2）。

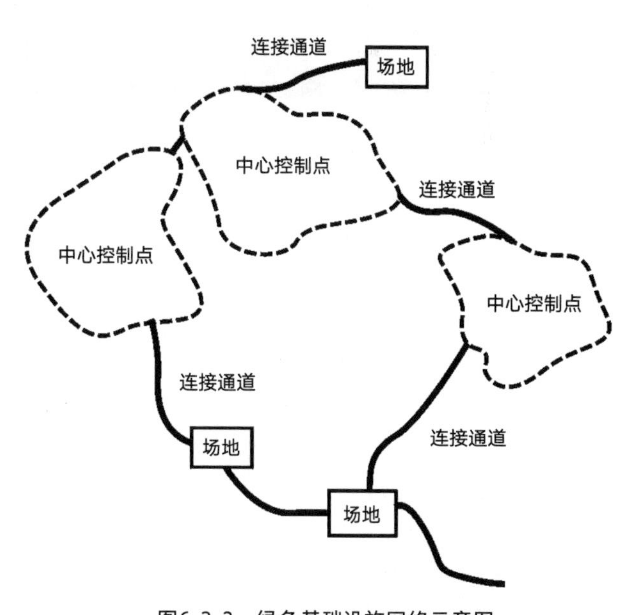

图6-2-2 绿色基础设施网络示意图

2．中观尺度

1）城市滨水区与河道岸带

城市滨水区与河道岸带是沿城市自然水体驳岸带的绿色开敞空间，其依附的驳岸以自然生态驳岸或绿化型驳岸为主，非渠化。它的规模较为庞大，面积在数十公顷到数万平方千米不等，兼具水域净化、水岸生物多样性保护、城市雨洪调节、居民休闲游憩等多种功能（图6-2-3）。

2）城市绿色廊道

城市绿色廊道是城市中呈线形的绿色空间，以慢行道路、线性文化遗产、自然保护带等线性要素为主体，涵盖了其沿线的自然和文化资源，将零散的元素整合，形成一个具有整体性和综合性的系统，兼具生态、美化、文化、疗愈等多种社会功能。不仅为动植物提供了良好的生境，也在降声减噪、空气净化等方面有效提升了城乡人居环境的质量。

3）城市绿色斑块

城市绿色斑块是城市中的人们进行户外活动与动植物栖息的小型开敞空间，如庭院、各城市公园绿地等点状绿色空间，具有调节微气候、减少碳排放、优化城市环境、涵养水源、营造舒适休闲游憩空间、发展城市经济，创造城市品牌与打造名片等多种功能，也是中观尺度绿色基础设施中不可替代的基础单元（图6-2-4）。

图6-2-3 广西南宁市邕江沿江岸带

图6-2-4 广西南宁市绿色斑块——青秀山风景名胜区

3．微观尺度

1）生物滞留系统

生物滞留系统是一种雨水渗透设施的集合，这类雨水渗透设施内拥有提高水体过滤质量和速率的植物、微生物、土层等介质，可有效促进雨水径流的蓄渗与净化。它是一种成本低、生态性能好、管理和维护便利的绿色基础设施。生物滞留设施一般位于街道、城市绿地中的低洼地区，主要处理建筑道路等区域的雨水。按滞留设施应用的位置进行分类，一般可以分为雨水花园、下凹式绿地、植草沟、生态树池、生态湿塘五类。

雨水花园是指在路侧绿地中设置的较周边地形低洼的区域，其内部土层根据功能要求进行相应换填，并可在其中栽植乔木或灌木。雨水花园利用地形塑造，组织周边径流汇入其中，降雨可充分补充地下水并降低暴雨地表径流的洪峰、延缓峰时。同时，雨水通过换填结构层逐步入渗，消减雨水径流中的污染物，降低面源污染，雨水花园内部栽植植物生长过程中的蒸腾作用可有效调节周边环境的湿度和温度，改善小气候环境（图6-2-5）。

下凹式绿地是在绿地中设施的底部高程低于周边路面高程的下沉式绿地，其内部下凹空间可承接周边雨水并滞蓄集中，缓慢入渗，达到减少径流外排的目的，下凹式绿地内一般正常植草，无需对原有土质进行换填，调蓄深度一般小于雨水花园。

植草沟是指种植有植物的浅层地表沟渠排水系统，通过地形塑造搭配景观手法，实现地面径流雨水的转输、渗透和净化。植草沟因为结构简单，占地小，后期使用过程中易于维护，可以大量用于路侧有绿化带的硬质路面、路侧沿线。既能满足路面排水的使用需求，又有良好的景观效果，还能够满足对雨水径流的转输、渗透和净化功能（图6-2-6）。

生态树池常设置于路侧的人行道，内部设有种植土，种植土底部设有过滤土层和砾石，砾石层设有开孔盲管，种植土表层设有陶粒；净化型生态树池的种植结构的组成和开孔盲管的布置，使得雨水可以缓慢地层层渗入，既能有效增加雨水渗入的面积，又可延缓雨水的流失速度，土壤可长时间储存水分，保持湿润。同时，超量的雨水渗透到底部盲管，也可随开孔盲管及

图6-2-5　广西南宁石门森林公园雨水花园

图6-2-6　广西南宁石门森林公园停车场植草沟

时排除，防止雨水积蓄在树木底部，影响植物生长。

生态湿塘是指结合路侧绿地空间布置的具有雨水调蓄功能和生态净化功能的生态水塘。水量补给主要来源于天然降雨。生态湿塘的布置对场地条件的要求较高，可有效减少地面径流量、降低径流污染、消减峰值流量，但其建设成本和后期维护的费用较高（图6-2-7）。

2）人工湿地

不同于自然湿地，人工湿地是人为设计、建造的，由无机基质、水生植物、动物组成，仿自然湿地水域的生态系统，属于雨水储存设施。人工湿地作为雨洪管理的绿色基础设施，既可用作野生动物的良好栖息地，也可作为城市优美生态的景观，可有效消减径流污染物。它维护简便，适用于无自然驳岸或水质较差的水陆交界区域。

3）透水性铺装

透水性铺装是一种新型环保路面，自身材料的组成与多孔的构造能有效促进路面积水的下渗速率，减少积水，防止行车和路人打滑，如透水砖、透水性沥青、透水水泥混凝土、嵌草铺装等具有特殊透水性能的铺装。此外，透水性铺装还具有降温增湿、降声减噪等改善城市气候和人居环境的生态功能。一般用于城市道路、停车场等区域，是当下较为常用的、绿色环保材料（图6-2-8）。

图6-2-7　广西南宁那考河湿地公园生态湿塘

图6-2-8　广西南宁石门森林公园主入口透水沥青铺装材料

4）绿色街道

城市道路往往是雨水汇集、排放的地方，绿色街道是美国景观设计师在实践中总结得出并倡导的一种新型道路雨水管理方法。其将表层透水材料、植物及各类景观元素集合且协调在一起，集合雨洪管理与街道景观建设于一体，实现雨水和污水分离、径流引起的污染减少、空气与水体净化等生态效益。同时，丰富了街道景观的层次性与趣味性，建设兼具生态性与功能性的街道。

5）立体绿化

立体绿化一般分为屋顶绿化和垂直绿化两种形式。屋顶绿化是指根据屋顶具体条件，选择相应的乔木、藤本植物、灌木和地被植物进行屋顶绿化植物配置的应用，起到软化屋顶表面、减少暴雨径流的作用。在条件允许与功能需求的前提下，还可以设置园路、座椅和园林小品等，提供一定的游览和游憩活动空间，如屋顶农场、屋顶花园等形式，拓展了户外的活动空间，美化了人居环境与生活情趣。屋顶绿化适用于平屋顶或坡度较缓的屋顶、公共建筑的高空平台（图6-2-9）。垂直绿化是一种与地面绿化相对应，利用植物材料沿建筑立面或其他构筑物表面以攀缘、贴植、垂吊等形式，形成垂直面的绿化方式，适用于建筑、桥体立面等（图6-2-10、图6-2-11）。

屋顶与垂直绿化是一种将建筑技术与风景园林设计有机结合的绿色建筑营建策略，可有效地从源头削减径流量，并降低径流污染物含量，优化城市小气候；同时，在用地紧张的当下，最大程度增加了城市绿地面积，提高了绿化覆盖率，提高了碳汇能力。

图6-2-9　四川成都国际金融中心屋顶人工玫瑰花海

图6-2-10　广东广州高德置地广场建筑外立面垂直绿化

图6-2-11　广西南宁青山立交桥桥体垂直绿化

6.3 城乡绿地系统规划

6.3.1 城乡绿地系统认知

1. 城市绿地与城乡绿地系统

城市绿地是指以自然植被和人工植被为主要存在形式的城市用地。城乡绿地系统是指城市、乡镇、村中具有一定数量和质量的各类绿地，通过有机联系形成生态环境的整体功能，同时具有一定社会经济效益、有生命的基础设施体系。

2. 城乡绿地指标

（1）绿地率：城市建成区内各绿化用地总面积占城市建成区总用地面积的比例。

（2）人均绿地面积：建成区内城区人口人均拥有的绿地面积。

（3）人均公园绿地面积：建成区内城区人口人均拥有的公园绿地面积。

（4）城乡绿地率：一定城乡用地范围内，各类绿化用地总面积占该城乡用地面积的百分比。

6.3.2 城乡绿地分类

1. 城市绿地分类

基于城市绿地功能性、协调性、对应性、可比性和可操作性原则，2017年中华人民共和国住房和城乡建设部颁布的《城市绿地分类标准》CJJ/T 85—2017，将城市绿地分为公园绿地、防护绿地、广场用地、附属绿地和区域绿地五大类（表6-3-1）。

城市建设用地内的绿地分类和代码 表6-3-1

<table>
<tr><th colspan="3">类别代码</th><th rowspan="2">类别名称</th><th rowspan="2">内容与范围</th><th rowspan="2">备注</th></tr>
<tr><th>大类</th><th>中类</th><th>小类</th></tr>
<tr><td rowspan="5">G1</td><td></td><td></td><td>公园绿地</td><td>向公众开放，以游憩为主要功能，兼具生态、景观、文教和应急避险等功能，有一定游憩和服务设施的绿地</td><td>—</td></tr>
<tr><td>G11</td><td></td><td>综合公园</td><td>内容丰富，适合开展各类户外活动，具有完善的游憩和配套管理服务设施的绿地</td><td>规模宜大于 10 公顷</td></tr>
<tr><td>G12</td><td></td><td>社区公园</td><td>用地独立，具有基本的游憩和服务设施，主要为一定社区范围内居民就近开展日常休闲活动服务的绿地</td><td>规模宜大于 1 公顷</td></tr>
<tr><td rowspan="2">G13</td><td></td><td>专类公园</td><td>具有特定内容或形式，有相应的游憩和服务设施的绿地</td><td>—</td></tr>
<tr><td>G131</td><td>动物园</td><td>在人工饲养条件下，移地保护野生动物，进行动物饲养、繁殖等科学研究，并提供科普、观赏、游憩等活动，具有良好设施和解说标识系统的绿地</td><td>—</td></tr>
</table>

续表

类别代码			类别名称	内容与范围	备注
大类	中类	小类			
G1	G13	G132	植物园	进行植物科学研究、引种驯化、植物保护，并供观赏、游憩及科普等活动，具有良好设施和解说标识系统的绿地	—
		G133	历史名园	体现一定历史时期代表性的造园艺术，需要特别保护的园林	—
		G134	遗址公园	以重要遗址及其背景环境为主形成的，在遗址保护和展示等方面具有示范意义，并具有文化、游憩等功能的绿地	—
		G135	游乐公园	单独设置，具有大型游乐设施，且生态环境较好的绿地	绿化占地比例宜大于或等于65%
		G139	其他专类公园	除以上各种专类公园外，具有特定主题内容的绿地，主要包括儿童公园、体育健身公园、滨水公园、纪念性公园、雕塑公园以及位于城市建设用地内的风景名胜公园、城市湿地公园和森林公园等	绿化占地比例宜大于或等于65%
	G14		游园	除以上各种公园绿地外，用地独立，规模较小或形状多样，方便居民就近进入，具有一定游憩功能的绿地	带状游园的宽度宜大于12米；绿化占地比例应大于或等于65%
G2			防护绿地	用地独立，具有卫生、隔离、安全、生态防护功能，游人不宜进入的绿地。主要包括卫生隔离防护绿地、道路及铁路防护绿地、高压走廊防护绿地、公用设施防护绿地等	—
G3			广场用地	以游憩、纪念、集会和避险等功能为主的城市公共活动场地	绿化占地比例宜大于或等于35%；绿化占地比例大于或等于65%的广场用地计入公园绿地
XG			附属绿地	附属于各类城市建设用地（除“绿地与广场用地”）的绿化用地，包括居住用地、公共管理与公共服务设施用地、商业服务业设施用地、工业用地、物流仓储用地、道路与交通设施用地、公用设施用地等用地中的绿地	不再重复参与城市建设用地平衡
	RG		居住用地附属绿地	居住用地内的配建绿地	—
	AG		公共管理与公共服务设施用地附属绿地	公共管理与公共服务设施用地内的绿地	—
	BG		商业服务业设施用地附属绿地	商业服务业设施用地内的绿地	—
	MG		工业用地附属绿地	工业用地内的绿地	—
	WG		物流仓储用地附属绿地	物流仓储用地内的绿地	—
	SG		道路与交通设施用地附属绿地	道路与交通设施用地内的绿地	—
	UG		公用设施用地附属绿地	公用设施用地内的绿地	—

续表

类别代码			类别名称	内容与范围	备注
大类	中类	小类			
EG			区域绿地	位于城市建设用地之外，具有城乡生态环境及自然资源和文化资源保护、游憩健身、安全防护隔离、物种保护、园林苗木生产等功能的绿地	不参与建设用地汇总，不包括耕地
	EG1		风景游憩绿地	自然环境良好，向公众开放，以休闲游憩、旅游观光、娱乐健身、科学考察等为主要功能，具备游憩和服务设施的绿地	—
		EG11	风景名胜区	经相关主管部门批准设立，具有观赏、文化或者科学价值，自然景观、人文景观比较集中，环境优美，可供人们游览或者进行科学、文化活动的区域	—
		EG12	森林公园	具有一定规模，且自然风景优美的森林地域，可供人们进行游憩或科学、文化、教育活动的绿地	—
		EG13	湿地公园	以良好的湿地生态环境和多样化的湿地景观资源为基础，具有生态保护、科普教育、湿地研究、生态休闲等多种功能，具备游憩和服务设施的绿地	—
		EG14	郊野公园	位于城区边缘，有一定规模，以郊野自然景观为主，具有亲近自然、游憩休闲、科普教育等功能，具备必要服务设施的绿地	—
		EG19	其他风景游憩绿地	除上述之外的风景游憩绿地，主要包括野生动植物园、遗址公园、地质公园等	—
	EG2		生态保育绿地	为保障城乡生态安全，改善景观质量而进行保护、恢复和资源培育的绿色空间，主要包括自然保护区、水源保护区、湿地保护区、公益林、水体防护林、生态修复地、生物物种栖息地等，各类以生态保育功能为主的绿地	—
	EG3		区域设施防护绿地	区域交通设施、区域公用设施等周边具有安全、防护、卫生、隔离作用的绿地，主要包括各级公路、铁路、输变电设施、环卫设施等周边的防护隔离绿化用地	区域设施指城市建设用地外的设施
	EG4		生产绿地	为城乡绿化美化生产、培育、引种试验各类苗木、花草、种子的苗圃、花圃、草圃等各类圃地	—

2．镇（乡）村绿地分类

2011年，中华人民共和国住房和城乡建设部颁布的《镇（乡）村绿地分类标准》CJJ/T 168—2011中将镇绿地分为公园绿地、防护绿地、附属绿地、生态景观绿地四大类（表6-3-2）。

镇绿地分类 **表6-3-2**

类别代码		类别名称	内容与范围	备注
大类	小类			
G1		公园绿地	向公众开放，以游憩为主要功能，兼具生态、美化等作用的镇区绿地	—
	G11	镇区级公园	为全体居民服务，内容较为丰富，有相应设施的、规模较大的集中绿地	包括特定内容或形式的公园以及大型的带状公园
	G12	社区公园	为一定居民用地范围内的居民服务，具有一定活动内容和设施的绿地	包括小型的带状绿地
G2		防护绿地	镇区具有卫生隔离和安全防护功能的绿地	—
G3		附属绿地	镇区建设用地中除绿地之外各类用地中的附属绿化用地	—
	G31	居住绿地	居住用地中宅旁绿地、配套公建绿地、小区道路绿地等	—
	G32	公共设施绿地	公共设施用地内的绿地	—
	G33	生产设施绿地	生产设施用地内的绿地	—
	G34	仓储绿地	仓储用地内的绿地	—
	G35	对外交通绿地	对外交通用地内的绿地	—
	G36	道路广场绿地	道路广场用地内的绿地	包括行道树绿带、交通岛绿地、停车场绿地和绿地率小于65%的广场绿地等
	G37	工程设施绿地	工程设施用地内的绿地	—
G4		生态景观绿地	对镇区生态环境质量、居民休闲生活、景观和生物多样性保护有直接影响的绿地	—
	G41	生态保护绿地	以保护生态环境，保护生物多样性，保护自然资源为主的绿地	包括自然保护区、水源保护区、生态防护林等
	G42	风景游憩绿地	具有一定设施，风景优美，以观光、休闲、游憩、娱乐为主要功能的绿地	包括森林公园、旅游度假区、风景名胜区等
	G43	生产绿地	以生产经营为主的绿地	包括苗圃、花圃、草圃、果园等

2011年，中华人民共和国住房和城乡建设部颁发的《镇（乡）村绿地分类标准》CJJ/T 168—2011中将村绿地分为公园绿地、环境美化绿地、生态景观绿地三大类（表6-3-3）。

村绿地分类 **表6-3-3**

类别代码	类别名称	内容与范围	备注
G1	公园绿地	向公众开放，以游憩为主要功能，兼具生态、美化等作用的绿地	包括小游园、沿河游憩绿地、街旁绿地和古树名木周围的游憩场地
G2	环境美化绿地	以美化村庄环境为主要功能的绿地	—
G3	生态景观绿地	对村庄生态环境质量、居民休闲生活和景观有直接影响的绿地	包括生态防护林、苗圃、花圃、草圃、果园等

6.3.3 城乡绿地系统布局结构

经过长期的实践和发展，国内外城市绿地系统布局基本呈现点状、环状、带状、网状、楔状、放射状、指状、放射环状等多种形式（图6-3-1）。

图6-3-1 城市绿地布局结构的基本模式（杨赉丽，2019年）

1．点状绿地布局结构

点状绿地布局模式是指绿地以大小不等的地块形式均匀地分布于城市之中，这种以点状或块状绿地为主的布局模式多出现在城市形成发展的早期阶段，如上海、天津、武汉、长沙、青岛等城市的老城区。

2．环状绿地布局结构

环状绿地布局模式是指根据城市发展规模的不同，利用城市周边的农田、山体、林地以及一些生态敏感保护区在城市外围形成的一条或多条环状绿带。其主要功能是在城市发展过程中，控制城市用地的无序扩展，或避免城市连续扩张而形成“摊大饼”的状况。1945年，伦敦大规划中的环状绿带就是这种布局模式的典型代表。

3．带状绿地布局结构

带状绿地布局模式是指利用河湖水系、道路、旧城墙、高压走廊等线性因素，形成纵横交错的条带形绿色空间，穿插于城市内部，与其他绿色空间共同构成城市绿网。该布局模式不仅有利于城市居民与自然的沟通与交流，可以引风或通风，还可为野生动物提供安全的迁移途径，保护生物的多样性。此外，也可作为组团间的分隔绿带，防止城市组团粘连，因而具有极强的生态作用。美国的波士顿、堪萨斯、明尼阿波利斯等，按照公园系统规划建设的城市是该模式的代表。

4．网状绿地布局结构

网状绿地布局模式是指将山体、水体、森林、农田等自然元素，通过道路、河流、铁路、组团建设的“绿廊”，与城市中的其他公园绿地进行联系，形成整体，进而构筑一个自然、多样、高效，并具有一定自我维持能力、体现生态服务功能的绿色网络结构。不仅在城市内部可以有效地改善生态环境的质量，还可以沟通城市之间的联系和能量流动，有效地防止了城镇间相连成片导致的环境恶化。目前，网状的绿地布局模式是一种常见的布局形式，应用于大多数的城市绿地建设中。其中，较为典型的城市有北京、上海、深圳等（图6-3-2、图6-3-3）。

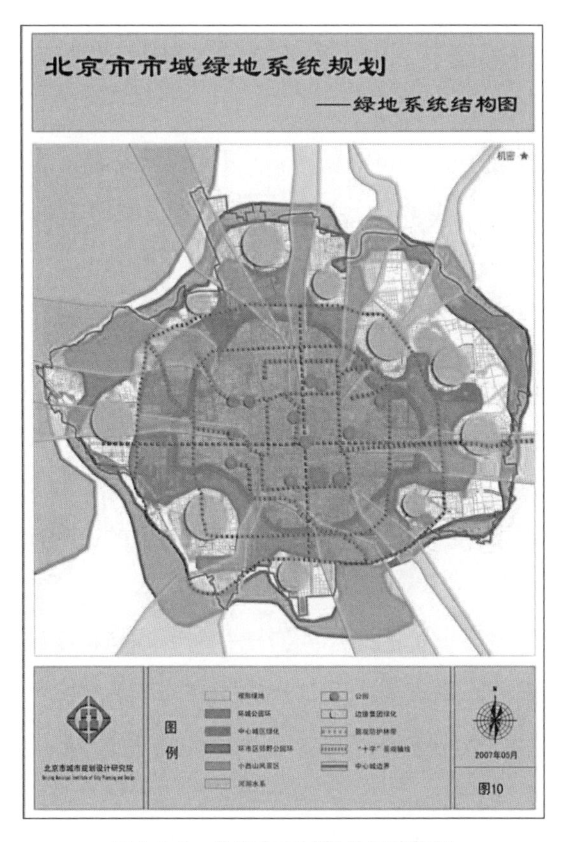

图6-3-2　北京市市域绿地系统规划
（来源：北京市园林绿化局官网公告）

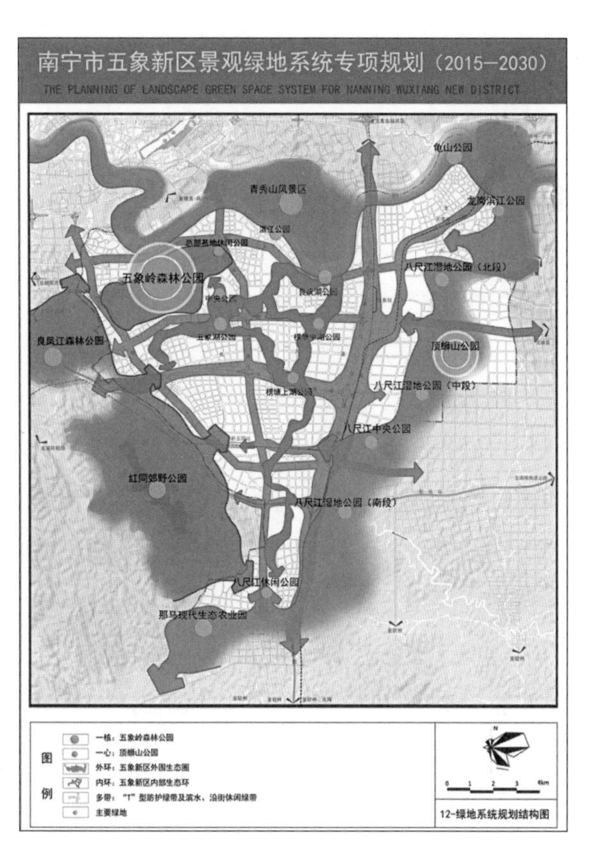

图6-3-3　广西南宁市五象新区绿地系统专项规划
（来源：华蓝集团）

5．楔状绿地布局结构

楔状绿地布局模式是指利用郊外林地、农田、河流等自然因素形成绿色空间，由宽渐窄地嵌入城市，将城市环境与郊区的自然环境有机地组合在一起。该模式更为强调利用城市郊区的自然资源，形成与自然交流的生态廊道，控制城市外围组团之间的相互粘连，并使城市用地最大限度接近自然，改善城市气候，形成独特的城市风貌。同时，该布局模式应对城市的发展变化具有较强的适应能力。苏联城市莫斯科的楔形绿地建设获得了成功，国内在合肥市早期规划中也采用了该布局模式。

6．放射状绿地布局结构

从城市中心区向周边放射方向建设绿地，并沿放射路两侧的绿化带形成绿色通道。放射状绿地布局有利于将新鲜空气引入城区。

7．指状绿地布局模式是指由市中心呈“手指”状向外放射的交通轴线将城市中各楔状绿色开放区域与自然和人工绿地联结成一个整体的绿色空间布局。该模式可有效促进城市绿地与居民生活紧密结合，满足居民多种休闲和娱乐空间需求。

8．放射环状绿地布局结构

该模式是放射状与环状布局的有机结合，将城市分散的绿地有机联系，组成较为完整的体系。

6.4 乡土景观设计

6.4.1 城市景观艺术

1．城市景观艺术设计

城市景观艺术化设计是指在城市内通过设计创造适合市民生活的艺术化环境，规划和引导社会与人的行为方式，以此改变人居环境的模式与质量。城市景观的艺术设计着眼于城市户外空间景观意象进行艺术整合，辅助建立一定的视觉秩序和良好的空间视觉环境，凸显城市的地域文化和精神文化；同时也关注、重视觉环境对人基本行为和心理的影响，顺应四维的运动视觉规律，创造具有人文关怀的活动场所。

城市景观艺术设计是城市设计中的一环，是一种城市设计的理念和方法，将艺术与科学结合，多领域交叉和融合，综合协调自然、人类与社会的三者关系，实现在城市网络中的平衡与稳定。

2．城市景观艺术层次

城市景观的艺术设计更突出“艺术”，其包括三个层次：城市形象、城市意象和城市意境。

城市形象概括来说是指一个城市给人的印象与感受，由城市经济、城市人居环境和城市文化三个部分组成。从景观角度来看，城市形象主要是指城市外在元素构成的具体物象所展现出来的风貌，如自然资源（自然山体和水域等）、建筑、公共绿化、城市基础设施（广告牌、路灯、座椅、电箱等）等。这是一个城市的“名片”，也是城市设计是否具有地域特点的关键（图6-4-1）。

凯文·林奇在《城市意象》中指出，城市设计应该强化城市居民对于该城市的公共印象，这一印象是人们在城市中的感受以及对城市物质空间感知的基础上所形成的意象，进而产生对这个城市客观形象的评价。城市环境的符号、结构越清晰，居民就越能识别城市，从而带来心理上的安定。凯文·林奇通过大量的研究，提出构成城市意象的五类元素：路径、边缘、地区、节点和地标。在城市空间的组织中合理地组织与运用这五类要素，强化它们的识别性，赋予它们空间和文化的意义，传递有效信息，进而引导人们的行为。

图6-4-1 广西南宁会展中心主体建筑为南宁城市形象

城市意境是城市中展现出来的生活图景与思想情感交融在一起，相互渗透，进而形成的一种艺术境界。孙筱祥先生认为，古代城市意境可以概括为“三境”：生境、画境和意境。生境是将自然环境中风景优美、适宜生活的场所通过景观化，进而营造出的环境；画境是文人墨客在诗词画作中描绘的场景与内涵；意境则是借助文人墨客，借助画境表达出来的内心情感与情怀。而在当今城市建设的快速发展中，孙先生提出的“三境论”依旧可以以新的形式存在，用以建设高质量的城市人居环境。

6.4.2 乡村景观

乡村景观规划设计作为其中的一个专项，更多地从景观视角进行分类，包括生态景观、生产景观、生活景观、文化景观四类，但仍然脱离不开村庄发展中各部分内容落实在物质实体上的反映。

1. 生态景观

生态景观又分为无机环境景观与生物群落景观。根据乡村空间的差异又可以分为水域生态景观，以及森林、农田、人工林、果园等陆地生态景观等。

无机环境景观包括气候、土地和水体，优质的无机环境也能让人对其景观印象深刻，如昆明的四季如春、东北的黑土地、江南的河网交错。

生物群落景观包括动物景观和植物景观，具体指乡村地区整体生物种群结构、物质循环的食物链或食物网，以及动植物的分布情况。

2．生产景观

生产景观是反映不同时期经济水平、产业结构、生产资料、劳动力和生产关系的逻辑外现，根据农民、不同农产品的生产场地和生产环节对景观进行分类。生产场景可以分为传统的农田、林地和园地；农副产品或其他产品的加工场地；农旅结合的现代服务产业场地，如龙胜梯田绿油油或金灿灿的稻作景观、隆安大片的火龙果灯光景观。生产环节可以分为生产工具、器具及其制造过程，食物晾晒、存储等景观，如犁耙等春种工具、秋收工具以及竹篓、竹篮、晾晒场、谷仓等（图6-4-2、图6-4-3）。

3．生活景观

生活景观可以根据农民生活的场景和生活使用工具进行分类，分为村落、民居、公共性建筑、集市和生活工具景观。村落景观，侧重在乡村肌理、建筑天际线、道路、民居群、宗祠、公共建筑、房前屋后的菜园等。民居、公共建筑景观，涉及建筑户型、立面、风格、材料和色彩等。生活场景以人为本，根据他们的家庭和社会活动，分析人的社会关系、心理诉求和相对应的行为活动，而这些行为活动需要相应的生活场景和使用工具来实现。如乡村传统节日的习俗活动或宗族仪式，观看划龙船、踩高跷、舞龙舞狮等活动，需要设置大型集聚场所；关系较为亲近的邻里，闲暇时进行家常闲聊也需要有一个具有安全感的小场地容纳其中（图6-4-4、图6-4-5）。

图6-4-2　龙胜梯田

图6-4-3　婺源晒秋

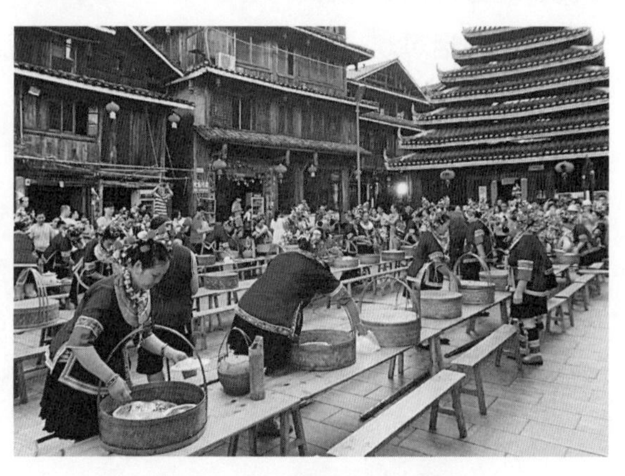

图6-4-4　三江侗族百家宴

图6-4-5 广西南宁市良庆区大塘镇南荣村山口皮乡村风貌提升效果图
（来源：广西艺术学院2020级研究生王楠 绘制）

4. 文化景观

文化景观侧重乡民构成的人文景观，反映了当地的民族心理和文化传承，分为乡村文脉的发展演变、记载村民记忆的文化符号和村民间的人文关怀三个内容，具体为乡村历史典故、人物传记、祖籍家谱族谱、方言、农耕文化、民俗习惯、传统乐器、服装制作技艺、木构技艺、神话传说、邻里帮扶等非物质文化遗产，表现形式为书籍、书信、口述、碑拓、音乐等（图6-4-6）。

图6-4-6 广西柳州市三江侗族木构建筑技艺展示

6.5 风景名胜区规划

6.5.1 风景名胜区的定义和基本特征

1. 风景名胜区的定义

风景名胜区简称风景区，是指具有观赏、文化或者科学价值，自然景观、人文景观比较集中，环境优美，可供人们游览或者进行科学、文化活动的区域。风景名胜区由中央和地方政府设立和管理，是保护自然和文化资源的法定区域。

2．风景名胜区基本特征

（1）风景名胜区应当具有区别于其他区域的，能够反映独特自然风貌或具有独特历史文化特色的，比较集中的景观。

（2）风景名胜区具有观赏、文化或者科学价值，是这些价值和功能的综合体。

（3）风景名胜区具备游览和进行科学文化活动的多重功能，对于风景名胜区的保护，是基于其自身的价值可以为人们所利用，并进行旅游开发、游览观光以及科学研究等活动。

6.5.2 风景名胜区分类

1．按用地规模分类

风景名胜区按用地规模可以分为小型风景区（20平方千米以下）、中型风景区（21～100平方千米）、大型风景区（101～500平方千米）、特大型风景区（500平方千米以上）。

2．按资源类别分类

风景名胜区按其资源的主要特征可以分为历史胜地类、山岳类、岩洞类、江河类、湖泊类、海滨海岛类、特殊地貌类、城市风景类、生物景观类、壁画石窟类、纪念地类、陵寝类、民俗风情类、其他类（表6-5-1）。

风景名胜区分类　　表6-5-1

类别	类别名称	类别特征
1	历史胜地类	中华文明始祖遗存集中或重要活动场地，以及与中华文明的形成和发展关系密切的风景名胜区，不包括一般名人或宗教胜迹
2	山岳类	以山岳地貌为主要特征的风景名胜区，此类风景名胜区具有较高的生态价值和观赏价值，包括一般的人文胜迹
3	岩洞类	以岩石洞穴为主要特征的风景名胜区，包括溶蚀、侵蚀、塌陷等因素而形成的岩石洞穴
4	江河类	以天然及人工河流为主要特征的风景名胜区，包括季节性河流、峡谷和运河
5	湖泊类	以宽阔水面为主要特征的风景名胜区，包括天然或人工形成的水体
6	海滨海岛类	以海滨地貌为主要特征的风景名胜区，包括海滨基岩、岬角、沙滩、滩涂、潟湖和海岛岩礁等
7	特殊地貌类	以典型、特殊地貌为主要特征的风景名胜区，包括火山熔岩、热田汽泉、沙漠碛滩，蚀余景观、地质珍迹草原、戈壁等
8	城市风景类	位于城市边缘，兼有城市公园绿地日常休闲、娱乐功能的风景名胜区，其部分区域可能属于城市建设用地
9	生物景观类	以特色生物景观为主要特征的风景名胜区

续表

类别	类别名称	类别特征
10	壁画石窟类	以古代石窟造像、壁画、岩画为主要特征的风景名胜区
11	纪念地类	以名人故居，军事遗址、遗迹为主要特征的风景名胜区，包括其历史特征、设施遗存和环境
12	陵寝类	以帝王、名人陵寝为主要内容的风景名胜区，包括陵区的地上、地下文物和文化遗存，以及陵区的环境
13	民俗风情类	以特色传统民居、民俗风情和特色物产为主要特征的风景名胜区
14	其他类	包括在上述类别中的风景名胜区

6.6 风景园林小气候与适应性设计

6.6.1 设计原理与目标

小气候是指由于下垫面的条件或构造特性影响所形成的局部小气候，距离下垫面的空气和土层越近的空间，受到下垫面的影响就越大，其小气候特点就会越加明显。风景园林小气候设计是在城市冠层（也称城市覆盖层）中，通过设计空间中的风景园林要素（地形、建筑、水体、植被等），调节该范围内的气候因素（光照、温度、湿度、风等），满足人体对环境的舒适性需求。

风景园林小气候设计的目的主要包括以下几个方面：（1）改善户外空间的小气候舒适度，促进户外空间的利用率及居民户外活动的时长；（2）有效防护户外静态固定活动区域对热环境的气候危害；（3）提高户外空间的自我净化环境能力，有效改善空气质量，创造有利于身心健康的小气候环境。

6.6.2 形成要素及系统功效

风景园林小气候是风景园林设计要素与气候要素相互作用的结果。因此，风景园林小气候的形成要素包括基础的气候要素及其作用的风景园林设计要素两大类。设计时需要从空间构成、空间尺度及空间形态等三个方面分析两者之间的关系，从而形成较为科学的小气候环境。

分析研究地域气候主导模式，即研究风景园林小气候系统的内在影响机制，依据空间尺度、季节差异以及时段的不同，可将主导模式分为小气候空间模式、冬夏季节模式以及昼夜时差模式三种类型。因昼夜与四季变化带来的大、中气候差异，风景园林小气候的系统调节功能与反馈作用是不同的。

风景园林物理环境包括风环境、湿环境与热环境。从形成要素作用于环境所产生的小气候的强弱效果分析，风环境主导的形成要素可分为地形、空气（空气流动与自净能力）、太阳辐射等；湿环境主导的形成要素可分为水体、植物、铺装、空气与太阳辐射等；热环境主导的形成要素可分为铺装、建筑物与构筑物、空气与太阳辐射等（表6-6-1）。

城市风景园林小气候单元形成要素及系统功效理论层面研究框架　　表 6-6-1

研究内容	小气候单元 研究层次 1	小气候单元 研究层次 2	小气候单元 研究层次 3
城市风景园林小气候单元形成要素及其系统功效	风环境	湿环境	热环境
城市风景园林小气候功效原理	太阳辐射、空气	雨雾	太阳辐射、阴影
	地形、地表土层、铺装、建筑物与构筑物、植被、水体		

（来源：吴碧晨，《城市户外活动空间气候适应性设计研究进展》）

6.6.3 空间要素及形态结构

风景园林小气候的空间要素及其形态结构是风景园林气候适应性设计效果的直接影响因素，也是规划设计过程中可人为控制的小气候形成要素。依据空间要素对风景园林小气候影响的程度分析，地形、地表及垂直要素为最显著的空间要素。

（1）地形，表现的形态特征主要有低洼与隆起、开敞与围合。

（2）地表，包括地面铺装、土层等微观层面的地表覆盖类型，具有材料属性以及不同朝向的空间属性。

（3）垂直要素，主要包括地形、植物、建筑物与构筑物等，是气候条件与空间形态及人体舒适之间可以建立联系的有效方式。研究主要考察垂直要素的材料属性与不同朝向的空间属性。在风景园林小气候中，植物要素是十分重要的空间形态要素，也是特有的生命要素。既具有色彩、姿态、气味等物理属性，也具有生长发育、光合作用等生理特性。

6.6.4 评价指标与体系

以风景园林小气候系统的内在影响机制研究为基础，通过运用小气候物理环境的实地测试方法，探寻风景园林小气候单元综合气候效应与人体气候舒适度的相关性，以此形成风景园林物理环境主观与客观的评价方法，并结合运用计算机模拟分析模型技术，最终构建风景园林小气候适宜性评价体系。

影响人们在风景园林小气候中舒适感受的要素包括物理、生理和心理三个层面，综合考虑这三个层面要素，以及由于文化历史背景不同和个体特征差异所产生的影响要素，建立与热、湿、干、冷等人体感受相关的热环境舒适度、综合环境舒适度及综合环境偏爱度评价标准与体系，最终统筹形成风景园林小气候主观与客观评价标准和指标体系（表6-6-2）。

城市风景园林小气候单元物理评价与感受评价理论层面研究框架　　表6-6-2

<table>
<tr><th>研究内容</th><th>小气候单元
研究层面一</th><th>小气候单元
研究层面二</th><th>小气候单元
研究层面三</th></tr>
<tr><td>城市风景园林小气候单元物理单元与感受评价</td><td>物理</td><td>生理</td><td>心理</td></tr>
<tr><td rowspan="2">城市风景园林小气候主客观评价标准与指标</td><td>客观评价</td><td>客观评价</td><td>主观评价</td></tr>
<tr><td colspan="3">热、湿、干、冷等主观感受</td></tr>
</table>

（来源：吴碧晨，《城市户外活动空间气候适应性设计研究进展》）

【思考题】

1．小组讨论绿色基础设施的功能及对城乡建设的意义。

2．熟悉对城乡绿地分类标准，以学校所在城市或自己的家乡为例，详细说明。

3．根据课程教学与自己的理解，试阐述何为乡土景观。

4．试举例5处熟悉的风景名胜区，并将其进行分类，从功能活动类型、景观形态、环境形态三个方面加以分析。

5．选择校园一处场所，试分析影响该场所小气候的空间要素，并阐述其影响过程及方式。

参考文献

[1] 吴良镛．人居环境科学导论[M]．北京：中国建筑工业出版社，2001.
[2] 顾孟潮．钱学森论建筑科学[M]．北京：中国建筑工业出版社，2010.
[3] 刘滨谊．人居环境研究方法与应用[M]．北京：中国建筑工业出版社，2016.
[4] 胡正凡，林玉莲．环境心理学[M]．北京：中国建筑工业出版社，2018.
[5] 陈烨．景观环境行为学[M]．北京：中国建筑工业出版社，2023.
[6] 扬·盖尔．交往与空间[M]．何人可，译．北京：中国建筑工业出版社，2002.
[7] 杨赉丽．城市园林绿地规划[M]．北京：中国林业出版社，2019.
[8] 任洁．绿色基础设施[M]．北京：中国建筑工业出版社，2019.
[9] 过伟敏，史明．城市景观艺术设计[M]．南京：东南大学出版社，2011.
[10] 吴志强．国土空间规划原理[M]．上海：同济大学出版社，2022.
[11] 张京祥，黄贤金．国土空间规划原理[M]．南京：东南大学出版社，2021.
[12] 沈玉麟．外国城市建设史[M]．北京：中国建筑工业出版社，2008.
[13] 若昂·德让．巴黎：现代城市的发明[M]．南京：译林出版社，2017.
[14] 帕特里克·格迪斯．进化中的城市[M]．李浩，吴骏莲，叶冬青，等，译．北京：中国建筑工业出版社，2012.
[15] 勒·柯布西耶．光辉城市[M]．金秋野，王又佳，译．北京：中国建筑工业出版社，2011.
[16] 朱家瑾．居住区规划设计[M]．北京：中国建筑工业出版社，2006.
[17] 周公旦．周礼·考工记[M]．
[18] 喻晓蓉．绿色基础设施理念在城市总体规划中的应用研究[D]．广州：华南理工大学，2015.
[19] 吴碧晨．城市户外活动空间气候适应性设计研究进展[D]．西安：西安建筑科技大学，2016.

[20] 何志森. Mapping工作坊：重新解读城市更新与日常生活的关系[J]. 景观设计学，2017（5）.
[21] 中华人民共和国住房和城乡建设部. 城市绿地分类标准：CJJ/T 85—2017[S]. 北京：中国建筑工业出版社，2018.
[22] 中华人民共和国住房和城乡建设部. 镇（乡）村绿地分类标准：CJJ/T 168—2011[S]. 北京：中国建筑工业出版社，2012.
[23] 新华社. 中共中央 国务院关于建立国土空间规划体系并监督实施的若干意见[EB/OL].（2019-05-23）[2023-11-25]. https://www.gov.cn/zhengce/2019-05/23/content_5394187. htm.
[24] 埃罗・沙里宁. 大赫尔辛基规划[OL].（2023-05-09）[2023-11-25]. https://www.zgbk.com/ecph/words?site ID=495553.
[25] 宁市城市总体规划（2010—2020年）[Z].
[26] 八达岭—十三陵风景名胜区总体规划修编（2007—2020年）[Z].
[27] 江苏省国土空间规划（2021—2035年）[Z].
[28] 南宁市国土空间规划（2021—2035年）[Z].
[29] 雄安新区国土空间规划[Z].
[30] 嘉兴市秀洲区北部湿地概念性规划设计[Z].
[31] 保定漕河生态景观带西区城市设计[Z].
[32] 保定东湖天地城市设计[Z].
[33] 保定河北大学科技园城市设计[Z].
[34] 广西龙象谷度假区一期门户组团控制性详细规划[Z].

后记

在教学与设计实践中，我们深深地感到全面了解人居环境科学，统筹掌握人居环境设计的知识，对于从事相关设计学生和设计师都具有十分重要的作用和意义。然而，人居环境设计实践面广量大，其理论知识点与面相对完整和系统的教材却十分缺乏。本书的编写难度较大，其所呈现的是一次较为粗浅的尝试，编者在参阅了大量资料后，撰写了本册较为综合的关于人居环境设计的基础教材，重点考虑的是低年级学生基本入门的需要。我们希望能用这本书抛砖引玉，让更多的同仁加入人居环境专业集群教育建设中，加强交流与合作，共同推进人居环境设计的科学性和严谨性；我们也期待本书能拓展和深化学生对于人居环境科学的认识和了解，并对学生在人居环境设计相关学习与实践中有所帮助。

本书编写过程中得到了广西艺术学院建筑艺术学院领导的帮助和支持，感谢广西艺术学院、广西艺术学院智慧・人居环境设计产业学院的支持。同时也要感谢中国建筑工业出版社编辑耐心、专业的审稿和校对，他们的精心付出与大力支持让本书最终顺利出版。感谢广西艺术学院建筑艺术学院学生优质的课堂作业，充实了本教材的教学内容。

本书中大量参考资料为已经出版或发表的著作、论文，相关引用已列入参考文献。书中图片除自绘、自摄以及引自公开出版的书刊、网站公示文件外，还采用了广西壮族自治区城乡规划设计院提供的资料，在此深表感谢！书中部分图纸来自广西艺术学院建筑艺术学院师生的教学成果。署名若有遗漏，请联系本书作者。

由于受编撰时间限制，仓促之间，难免出现舛误和疏漏之处。虽不完善，也希望能做得更好一些，如有不足之处，恳请各位专家、同仁指正。